U0396951

速成手册系列

First Steps Out of Weight Problems

如何迈出减肥第一步

Catherine Francis
凯瑟琳·弗朗西斯 著
徐海晴 译

华东师范大学出版社

编者的话

现代生活的八大病症:焦虑、失眠、抑郁、肥胖、赌博、酗酒、烟瘾、以及婚姻的失败。这种“现代病”有时会困扰你一时,如果不能及时克服的话,甚至会困扰你一生。归纳这些“现代病”的基本征兆如下:

——嫌自己太胖,尝试各种减肥方法都没有效果。

——明知抽烟有害,想戒,但不能坚持,一次次功亏一篑。

——嗜酒如命,想要戒酒,又无力抵挡酒精的诱惑,最终走上酗酒之路,无法自拔。

——沉迷于赌博,屡输屡赌,深陷其中,欲罢不能。

——当失眠成为一种习惯,白天无精打彩,入夜辗转反侧,睡梦成了一种奢求。

——一段失败的婚姻,令你茫然失措,不知道如何直面今后的生活。

——在日常生活工作中,一种无名的焦虑感始终伴随而至,让你身心疲惫,不堪重负。

——无论是成功或挫折,荣耀或压力,都会让你步入抑郁的泥沼,一旦深陷,找不到摆脱痛苦的出路,有一种不可救药之感。

无论你遇到了上述哪种问题,相信它都已经在无形中对你的生活造成了不同程度的消极影响。如果你已下定决心去克服,但又苦于找不到正确且有效的方法,那么这套“速成手册系列”丛书就是专门为你而量身定制的。

本套丛书共包含八本小册子,分别为《如何迈出减肥第一步》、《如何迈出戒烟第一步》、《如何迈出戒酒第一步》、《如何迈出戒赌第一步》、《如何摆脱失眠困扰》、《如何走出分手阴影》、《如何消除焦虑困扰》，以及《如何克服抑郁困扰》。撰写这些小册子的作者均为来自各个相关领域的实干型专家，其中包括专职的心理学家、著名医生等各行业拥有广泛知名度的成功人士，他们中亦不乏有人曾亲身经历上述困境，一度挣扎在无尽的黑暗中，找不到方向，但最终凭借自身的努力和毅力，战胜了"病魔"，重新收获了美好的生活。他们将自己一路走来的体验和经历写入书中，以感同身受的言语，为深受同样问题困扰的读者提供兼具专业性与实用性的指导意见，相信作为读者的你在阅读这本小册子的时候，不仅可以看到自己的影子，同时也能从中汲取改变自身现状的信心和勇气。

现在，开始阅读这本小册子吧！如果有需要的话，你还可以将它带在身边，随时翻阅。希望有一天，当你合上它的时候，你会发现自己的生活已经重新回到了健康、积极的轨道上。到那时，我们编译这套丛书的初衷也就实现了！

为什么选择这本书?

- 你是否正在努力减肥?
- 在你放弃减肥之前,是否尝试过节食?
- 你是否关心变胖所带来的长期健康影响?

如果是这样,那这本小册子就是为你准备的。这并不是一本常见的轻松减肥神效大全,你可能曾经尝试过那些轻轻松松减肥的方法——什么都不做,也不用持之以恒。

这本书将告诉你一些事实,帮助你

- 了解为何你会发胖
- 找到适合你的食谱和运动方式
- 逐渐地平稳地减去体重——并不再反弹

想成为一个苗条的、更健康的你吗?这本小册子有你需要知道的一切!

目　录

引　言

你是否在烦恼自己的超重问题？你的朋友、家人或医生是否已经在担心体重问题已经影响到了你的健康？你的体重是否已经摧毁了你的自信、自尊和快乐？或许，你已经多次尝试过减肥，并对可以成功不再抱有希望。

如果是这样的话，那么你并不是一个人。现在，有半数以上的人是超重的。超重的身体会出乎意料地影响到你的健康和生活品质，甚至缩短你的寿命。不过，你可以改变这种状态。只要掌握一些知识,并下定决心,那么就能恢复到正常的体重,并一直保持下去。

回到最初

肥胖已经成为一件大事。扫一眼周边你光顾的书店,便会发现里面提供节食和运动方法的所有图书都声称自己握有令你不费吹灰之力便可减肥成功的秘笈,这或许会使你感到困惑,再加上无孔不入的减肥药、食物替代品和瘦身俱乐部的广告,这些很容易过犹不及,令你还没开始减肥就已经想放弃了。

我们的这本小册子试图带你回到最初。忘记那些秘笈、怪招和流行的节食法。这本初级者的指导书将会告诉你一个简单的事实,即你为什么会长出多余的赘肉,以及怎样通过简单地调整饮食和运动强度甩掉这部分赘肉。这本小册子将会循序渐进地帮助你,以适合你的生活方式,健康且有效地减轻体重。

是时候接受挑战了

通过了解自己的身体状况,你便可以控制自己的体型。这本小册子会帮助你计算出你究竟需要减去多少体重(或者是告诉你,你为什么可能根本不需要减肥)。你会知道怎样通过调节身体,减去多余的脂肪,达到自己理想的体型。并不是所有的建议都会对你有效,因为每个人都有其独特性——你可以选择最适合自己的那些方式。

与肥胖作斗争从来就不是一件容易的事,这需要恪守约定,而且时不时地你还会想要放弃,所以去找些实际的、可靠的、经过实践检验的战略,增强你的动力,并坚持下去。同样,还有一些建议可以有效地帮助你减少身体脂肪的堆积,而一旦你达到了自己的理想体型,也就掌握了永久保持体重的方法。

这本小册子还会讲到一些瘦身者的励志故事,这些瘦身者也曾与节食这一魔鬼作斗争,但现在都过上了健康的新生活。他们能做到的,你同样也可以!

1

你需要减肥吗

如果你超重了，那么你并不孤单。在当下的西方世界，我们正面临着“肥胖症”的困扰。在英国，半数以上的成人是超重的，五分之一的成人是肥胖的——肥胖者的人数自1980年以来已经翻了三番。在美国和澳大利亚，情况还更加糟糕——有60%以上的成年人是超重的，超过四分之一的人是肥胖的。体重问题在儿童中也越来越严峻。甚至是我们的宠物也开始遭遇与健康相关的体重问题。

体型超标并不是你应该感到愧疚或羞耻的事，因为现代的生活方式使人们很容易就体重飙升。不过，超标的体重会出乎意料地影响到你的健康、生活质量和自信心。事实上，肥胖已经成为现代人早逝可以预防的主要因素之一。所以，恭喜你已经开始下决心要对付自己的体重问题了。

常见的误解

只有贪吃鬼和懒人才会超重。

作为哺乳类动物，如果有吃的，就会去吃，增加体重，以此使自己能够度过饥荒和更贫瘠的时期。然而，在现代西方世界，食物匮乏的情况鲜少出现，而高卡路里和高脂肪的食物供应源源不断，加之人们在生活中越来越缺少运动，所以很容易就会导致超重问题。

你为什么需要减肥？

你想要减去赘肉的动机可能更多的是出于外表的考

虑,而不是自身的感受。当然,变得苗条无疑会令你更加自信。不过,更重要的可能是,保持健康的体型对你的健康和生活质量有数不尽的益处。如果你超重或是肥胖的话,那么重新回到正常体重范围能够:

- 降低患心脏病、高血压、高胆固醇、糖尿病和中风的风险。男性特别容易出现心血管问题,因为那个部位是他们体内脂肪聚集的地方。如果你的身体已经出现上述状况,那么减轻体重便可以使其得到改善,这样你或许就能够减轻服药剂量,或者甚至停止服用任何药物。
- 减少患肾病、痛风、脂肪肝、某种癌症(包括乳腺癌、子宫癌和结肠癌)的可能性。
- 增强活动能力,降低出现骨关节炎及背部和关节问题的危险,减少今后生活中需要进行髋关节和膝关节复健的可能性。
- 提高运动能力,使你不会那么容易因为一点运动就变得精疲力竭、上气不接下气,还可以使你少出些汗。

- 改善睡眠状态,减少出现睡觉时呼吸停顿的情况(如果你在夜里经常性地因呼吸障碍而惊醒,那么白天就会觉得浑身无力)。此外,减轻体重还可以使你少打呼噜(你的伴侣会为此感激你的)。
- 提高性欲,改善你的性生活。
- 降低失禁(大笑或咳嗽时的漏尿)的风险。
- 增强生育力(男女都如此),增加受孕机会。对女人来说,拥有正常体重会使你的生理期变得规律,降低你患先兆子痫、产后并发症或进行破腹产的风险。

即使是最小限度地减轻体重也可以显著地改善你的健康状况,并延长寿命。所以,你还在等什么呢?

听听人们怎么说……

当体重达到110公斤的时候,我发现自己承担一份中学教师的工作就是一场真正的奋战。我感觉四肢乏力,常常气喘吁吁,浑身酸痛。每天夜里,我都要起身数次去上厕所，医生提醒我说，这可能会发展成 2 型糖尿病。于是，我拿出纸笔，罗列出必须瘦身的理由，例如，改善健康状态、能够爬楼梯而不觉得难受、重获自信，以及可以穿得下漂亮的衣服。看着纸上写下的这些理由，我便有了开始实施减肥计划的动力。

麦琪，28 岁，58 公斤，穿衣尺寸：UK12

该你了！

像（上面的）麦琪一样，花几分钟写下你想要减肥的所有原因，包括已显现的和隐藏着的健康问题、不满意自己的外表、改善对自己的观感、以及更健康的体型会对促进你的工作、恋情和生活质量起到怎样的积极作用。你准备好彻底解决自己的体重问题了吗？

你需要减去多少体重？

或许你的医生曾让你为了健康而减肥。或许你的家人和朋友说他们担心你的体型。或许你只是不喜欢镜子里看到的自己的样子，并且行动困难而已。

另一方面，女性常常会看到杂志、电视、广告中的骨感明星和模特，而男性也越来越面临练就健美先生六块腹肌的压力。这些会导致对“正常”体型的不切实际的要求，会使我们中的许多人在达不到这类体型的时候，认为自己是“肥胖的”。这些还会造成诸如厌食症和贪食症这类的进食紊乱，以及诸如身体畸形这类的问题，这时人们看到的自己并不是自己真正的样子。

因此，首先，我们需要明确你究竟超重了多少，以及你需要减去多少体重。有几种方法可以知道这点。

身体质量指数(Body Mass Index,简称 BMI 指数)

每个人的身高和体格都有差异,因此简单地测量体重并不能告诉你,你是否超重了。BMI 指数是根据你的身高来测量体重的一种方式,它会做出健康专业的评估,告诉你,你的体重是否已经威胁到了你的健康。我们在这里为你提供网上可以找到的 BMI 指数的测量方法(有公制的和英制的单位),如果你期望它对你本人有效,那么就请这样做:

用身高(米)的平方除以体重(公斤)。例如,如果你体重 70 公斤,身高 1.75 米的话,那么你的 BMI 指数就等于 70÷(1.75×1.75),即 22.9。

这里给出对你 BMI 数值的解读(成人适用):

- 小于 16.5:严重体重不足
- 16.5—18.5:体重不足
- 18.5—25:标准体重
- 25—30:超重

● 30—40：肥胖
● 大于 40：严重肥胖（意味着你已面临潜在的威胁生命安全的健康问题）

虽然 BMI 指数有助于我们评估自己是否超重，但它也只是一个参考，每个人的情况都有不同。比如，大量锻炼的运动员通常体格庞大，因为他们有着壮实的肌肉（肌肉比脂肪重得多），所以尽管他们精瘦且健康，但其 BMI 指数也往往较高。此外，BMI 指数也不适用于儿童和孕妇。

轻松找出你的体重范围

如果计算你的 BMI 指数似乎有点复杂的话，那么也别担心，我们已经为你解决了这一难题。在下一页的图表上找出你的身高和体重，看看你处于哪个范围，以及需要减去多少才能达到标准体重。

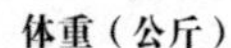
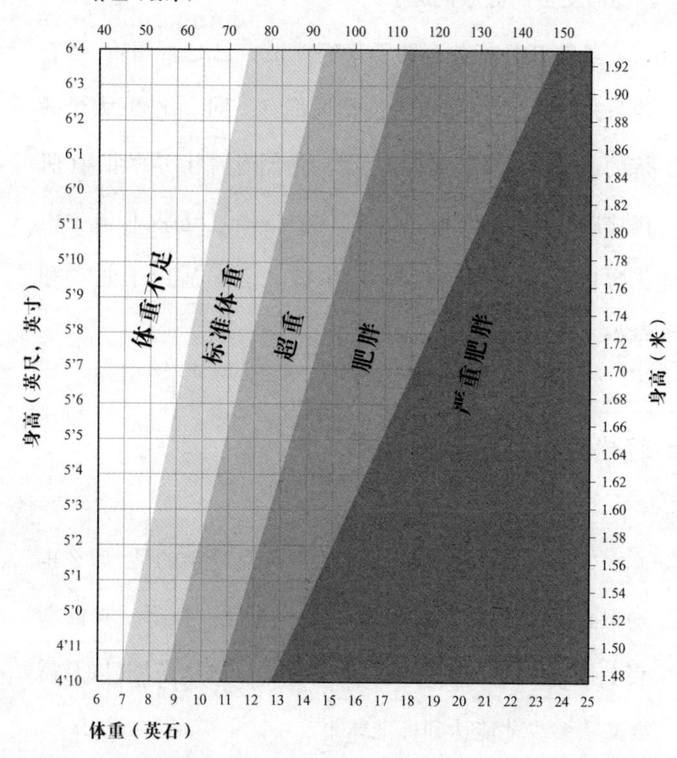
体重（公斤）
40 50 60 70 80 90 100 110 120 130 140 150
6'4 6'3 6'2 6'1 6'0 5'11 5'10 5'9 5'8 5'7 5'6 5'5 5'4 5'3 5'2 5'1 5'0 4'11 4'10
身高（英尺，英寸）
体重不足
标准体重
超重
肥胖
严重肥胖
1.92 1.90 1.88 1.86 1.84 1.82 1.80 1.78 1.76 1.74 1.72 1.70 1.68 1.66 1.64 1.62 1.60 1.58 1.56 1.54 1.52 1.50 1.48
身高（米）
6 7 8 9 10 11 12 13 14 15 16 17 18 19 20 21 22 23 24 25
体重（英石）

腰部尺寸

你身体囤积脂肪的地方(部分是由基因和性别决定的)也会对你的健康有不同影响。腰部囤积过多的脂肪会使你更有可能面临患心脏病、高血压、糖尿病或某些癌症的危险。所以,拿出卷尺,绕腰一圈,量一下吧。

如果你的腰身是以下情况,那么就更有可能面临健康问题:

- 女性超出 80 厘米。
- 男性超出 94 厘米 。

如果你的腰身是以下情况,那么你的健康受到的危险将更大:

- 女性超出 88 厘米。
- 男性超出 102 厘米。

脂肪比例

越是苗条,你身体的脂肪比例就越低。身体脂肪检测会发送电波讯号贯穿全身,这个讯号会穿过无脂的部分,但在多脂的部位则会遇到阻碍。一些浴室内就安放有这类脂肪检测器,许多体育馆也配备有这一装置。一般来说,女性的身体内比男性含有更多脂肪。通常女性身体内的脂肪含量为 18%—31%,而男性则为 10%—25%。

该你了!

利用 BMI 指数计算法或者上文中的图表找出你属于哪个体重区间。然后,再算出你的标准体重应该是多少。这将告诉你需要以减去多少体重为目标。

听听人们怎么说……

我的丈夫卡尔不在意我的身材,但当我体重达到 103 公斤的时候,连我自己都觉得我肯定是吸引不了他了,我不敢相信他会对这样的我感兴趣,所以我们的性生活也变得不太如意。与他朋友的妻子相比,我觉得自己就是个死胖子,当卡尔搂着我的时候,我都觉得替他丢脸。他坚持说我看上去很可爱,但我没法相信他说的话。现在,我对自己满意多了,我们的关系也得到了改善。

安德里亚,42岁,64公斤,穿衣尺寸:UK12

如果你体重过轻

如果你的BMI指数低于18.5,那么就更有可能会面临以下健康问题:骨质酥松症(骨头易碎),贫血(缺铁),免疫力低,男性性功能障碍,女性停经(生理期缺失)。如果是这种情况,那么你就应该找医生好好谈谈如何增肥了。

如果你体重过轻,或是正常体重,但却仍控制不住想要减肥的冲动,那么就得考虑你是不是出现了进食障碍。你的家人和朋友是否向你指出过你的饮食问题和体型问题?如果是这样的话,请找你的医生好好谈谈。

何时无需减肥

当你怀孕的时候

永远不要在怀孕的时候制定什么减肥计划,除非你的医生特别叮嘱你需要减去一些体重。在怀孕期间,你需要逐渐增加卡路里的摄入以满足腹中胎儿的生长以及你自身的需要,而你有足够的时间在生产以后再去减掉此时增加的重量。不过,也不要以怀孕为借口,毫无节制地进食含脂肪和糖份的食物——“吃两人份”并非指吃两倍的食物,而是说要保证两倍的健康。为了你和宝宝的需要,请健康饮食,补充各种所需营养。在分娩之后,也不要马上开始节食或者进行锻炼,而是要等得到你的医生、助产士或看护人员的允许之后才可以这么做。

如果你正在哺乳期间

再次重申,哺乳意味着你的身体正在努力产生供宝宝吸食的有营养的乳汁，所以不要限制食物的摄入。你可能会发现自己在哺乳期间为了维持自身和宝宝的营养而注重摄入各种健康食品的同时，体重依然有可能减轻。即便如此，进行一些轻微的运动并不会使你受到伤害。

病重期间或大病之后

如果你正在同病魔做斗争，或是处于病后的恢复阶段，那么要注意摄入有营养的食物，并获取足够多的部分以重建自己的免疫系统，恢复健康。即使是在生小病的时候，比如感冒或病毒性感染，也最好让身体休息，不要再运动了。等你觉得痊愈了之后，便可以将注意力转向减肥了。

手术后

如果你做过手术（包括剖腹产），那么你的身体就需要一段时间才能完全恢复。诸如散步、游泳这样的轻微运动是非常适合的，但是在开始任何运动项目之前，还是要先征得医生的同意。

药物治疗期间的节食

如果你正在服食某种药物，比如一些精神科常用药物或者是对抗糖尿病的胰岛素，那么你的日常用药剂量应该与你的体型挂钩，或是参照你一般服用的剂量。如果你有任何疑问，在开始减肥运动之前，去咨询一下医生，并与其保持联系，以便能够根据你体重的变化，相应地调整用药剂量。

2

为何你会超重

人们常常都想知道自己为什么会超重。要知道，你只需摄入 3500 卡路里，即可增长 1 磅（0.5 公斤）。每个月增长 1 磅，一年后，你就几乎增长了 6 公斤。那么，如果是 5 年以后呢……你可以自己做下这个算数题！

在西方国家，人们的体重不断增长，而这几乎引起了生活方式的变革，其中的一些，我们甚至还没有意识到。

更多的热量

根据营养咨询师扬·丽莎博士的说法，自上世纪60年代以来，美国人的正餐、零食、饮品的平均热量已经双倍甚至三倍增长。虽然英国人的饮食所含热量还没有如此巨大，但也得到了大幅增长，尤其是在最近的20年中。

依赖熟食

30年前，人们基本自己做饭来吃。现在，我们大多很忙，所以依赖于熟食、外带和快餐。不幸的是，这些食物均含有大量的脂肪、糖分和盐分，而它们都会使我们变得腰粗肚圆。

边走边吃

现代人时间紧迫的生活节奏所导致的另一个结果就

是草草解决一天的吃喝——吃快餐,或是边走边吃,而不是坐下来,好好吃三顿健康的正餐。如果我们没有意识到这一点的话,就会由此摄入更多的卡路里,尤其是当我们吃的快餐多糖多脂的时候,而且这些食物也不会长久地使我们感到满意。如果你想要在走路时买到一些健康的食品来吃,这几乎无济于事,因为不含糖和脂肪的快餐简直难以下咽——即使是那些看上去像是健康食品的谷物面包也常常含有糖和脂肪。

坐着的生活

随着我们的工作环境变得越来越自动化,越来越多的人在朝九晚五的工作时间里都只需坐在办公桌旁。我们的空闲时间也常常只是充斥着一些诸如看电视或打游戏这类的消极活动——英国人平均每周看 26 小时的电视。我们运动得越少,消耗的能量就越少——那些没有消耗掉的卡路里就囤积成了脂肪。进步的科技意味着我们在日常生活中也同样缺少锻炼。如果你总是以车代步，乘坐电梯而不是走楼梯，雇佣保姆打扫卫生，这些都是长肉的完美食谱。

隐藏着的卡路里

许多人都不知道在摄入食物甚至是饮品的时候究竟会吸收多少卡路里。例如，一大杯红酒就可含超过 200 的卡路里——这大概是你每天吸收的卡路里的十分之一。一大杯拿铁含超过 300 的卡路里，这几乎可以是你所吸收脂肪的三分之一。瞬间，你便可以明白自己的体重是如何增长的了……

随着年龄增长而消瘦

每过去一个 10 年，你的新陈代谢功能（即身体消耗热量的速度）就会有明显的萎缩，尤其是过了 40 岁以后。这也就意味着你不仅需要控制热量的摄入，还需要加强运动量。不然，体重在悄悄增长，而且很难减下去。

听听人们怎么说……

当我找到第一份工作后，就开始不断发福。我和同事们每周都有好几个晚上要去酒吧，喝个四五杯啤酒，再吃点披萨和薯条。刚开始长胖时，我并不在意，但当我的第一个孩子出生后，我便发现要跟在他身后跑都很困难。不过，新建立的家庭和忙碌的生活确实很容易就让人依靠快餐和外卖。在我快40岁时，我的体重已经超过108公斤，连爬楼梯都觉得十分费力。

巴里，44岁，现在80公斤

该你了！

仔细地好好审视一番你的生活方式。你是否依赖熟食，而不是用新鲜的食材自己烧饭做菜？你每天基本的运动量是多少？是否觉得自己并没有吃得太多，但却整天都在这吃一点那吃一点，而且晚上还会喝些饮料、小酒？记录下可能会影响到你体重的全部日常生活因素。

我们为自己找的借口

超重的理由实在是太容易找到了。然而，如果你不去正视这些发胖的原因，那么就永远别想瘦下来。

- “我的基因就是这样。”基因确实和肥胖有一定的关系，但是继承了这类基因只是让你更容易长肉而已，而基因所导致的肥胖并非是不可避免的。积极运动的生活完全可以降低基因所造成的影响。
- “我骨骼大。”大约有20%的人骨骼大，但他们只是个高且肌肉结实，而且骨骼大对于体重的影响不会超过4.5公斤。
- “我新陈代谢慢。”肥胖很少是由新陈代谢慢引起的，除非你存在药物问题。实际的情况是，积极运动促使新陈代谢加快,而久坐不动则使新陈代谢变慢。

听听人们怎么说……

当我还是个小孩的时候,我喜欢所有的垃圾食品——巧克力、肉馅饼和薯条。16岁那年,我的体重达到了82公斤,但我相信"我就是这样的"。长大成人之后,我从来不吃水果,只在周日吃晚餐时看到过蔬菜,每天晚上都吃熟食或外卖。到25岁时,我的体重达到了91公斤,要穿UK28号的衣裤——即便如此,我还是安慰自己说:"我只是骨骼大而已"。

贝琳达,34岁,现在58公斤,穿衣尺寸:UK10

情绪化饮食

我们与食物的关系常常十分情绪化。我们中的许多人会在觉得孤独、不被爱、压力大或者疲惫的时候,以进食的方式安慰自己。如果我们看低自己,那么可能就不会优先想到自己的健康问题,或是认为自己“值得”看上去拥有最好的或体验到最好的状态。

此外,我们中的许多人在还是儿童时期就已经养成了饮食习惯和对食物的概念。大人教我们洗干净自己的盘子,教育我们“不浪费,则不匮乏”。甜品糖果往往被用来当作是奖励。这些概念会在我们成人之后影响我们的习惯,会使我们吃掉孩子们没吃完的剩饭剩菜,而不是倒掉它们,或者在辛苦了一天之后,吃顿大餐“慰劳”自己。

在一些极端的例子中,我们与食物的关系可以是暴饮暴食或者厌食症。如果你认为自己有进食方面的问题,去找你的医生谈谈。

该你了!

想想你是如何看待食物的。你吃东西是否是为了使自己更快乐?你是否发现自己很难把食物倒掉?写下你在儿童时期的经历,可能会对你摆脱体重困扰有所帮助。

为何你之前的节食计划失败了?

许多人长年累月地曾经多次尝试要减去多余的体重(但失败了)。为什么我们会落入愚蠢的节食陷阱,用几周或几个月减去体重,到最后却只落得个放弃且反弹的结果?

你是用“全或无”(all-or-noting)的态度在减肥

如果你是个完美主义者,那么哪怕只有一次差错,都会导致你放弃节食。你吃了一块饼干,便认定这已经毁了你的节食之路,而在你意识到这点之前,其实就已经走上了老路。

你的过度节食方案

如果你摄入的卡路里骤减,整天感到饥饿,那么就会很难坚持下去。加之你的身体会认为你处于饥饿状态,于是便以减缓新陈代谢的速度作为补偿。你不可能在一周内减去6公斤,但如果循序渐进慢慢来的话,就可以在两个月内达到这一效果。

你不运动

虽然只靠节食也能减轻体重,但是这会非常艰难,并且需要用很长的时间,而运动则会以完全不同的方式显现出脂肪被消耗掉以后的效果。坚持锻炼,你的身体会更快地消耗能量,即使是在入睡之后。

你过于频繁地称量体重

如果每天都称量体重,那么很快就会因为秤杆变动细微(或者根本没有变化),或者甚至看到体重由于日常自然波动出现稍微增加的情况,而变得沮丧。建议最多一周称一次体重,那么你将被平稳下降的体重所激励。

听听人们怎么说……

我总是不断地在尝试最新流行的节食方案,或者是参加一个又一个减肥俱乐部。我减去了一些体重,然后便失去了动力,重新回到以前的饮食习惯。我的体重随即反弹,甚至比以前更重。有时我做得很好,为了婚礼,我瘦到可以穿下UK14号的婚纱。但是,很快,我又反弹到只能穿UK20号的衣服,因为那只是暂时的状态,而我并没有改变自己的生活习惯。

维基,57岁,现在59公斤,穿衣尺寸:UK12

为什么脂肪总是堆积在我身体某个特定的部位?

无论我们是否有超重,我们都有着自然形成的体型,在某个部位会比较容易长肉。例如,你可能听说过,女人的体型被描述为"苹果型"或"梨型"。"梨型"女性的脂肪主要堆积在臀部和大腿,而"苹果型"女性的脂肪则主要堆积在腹部和腰上。男性的身体也同样会堆积脂肪。

药物问题会使你增加体重吗?

肥胖很少是因为药物原因引起的,但是在一些条件下,药物问题也会导致体重增长。如果你是在没有改变生活方式的情况下体重增长,并且出现以下症状的话,那么就应该去看医生了。

不活跃的甲状腺

甲状腺长在你的脖子部位,负责调节新陈代谢。不活跃的甲状腺(甲状腺机能减退)会导致体重的增长,如果没有适合的荷尔蒙激素代替其发挥作用的话,要减轻体重就会是件非常困难的事。其他的症状还包括头发和指甲容易折断、皮肤干燥、容易疲劳、便秘,并且容易怕冷。

荷尔蒙失调

荷尔蒙失调会导致脂肪难以消耗。例如,多囊卵巢综合症(PCOS)常常不易被诊断出,而且会导致体重增长。其他症状包括生育问题、脱发、痤疮、生理期紊乱,以及过多的脸毛。

库欣综合症(Cushing,即皮质醇增多)是由于荷尔蒙激素皮质醇过剩所导致的。脂肪堆积在面部、身体和背部,而四肢却依然纤细。其他症状包括肌肉无力,皮肤薄容易瘀伤,伤口较难愈合,以及女性脱发。

水肿

正常情况下,水肿的重量总计不会超出 1 公斤。如果你因为水肿,体重大幅增加的话,那么赶紧去看医生,因为过多的水分滞留可能意味着心脏或肾脏的罢工。其他症状还有气短、排尿量下降、食欲不振、疲劳。

抑郁

当人们感觉抑郁的时候,就会想要吃一些比较管饱的食物,并且懒得动弹,于是便导致了发胖。

某种药物

有些人长胖是由于他们在服食某种药物，例如，抗抑郁剂、类固醇、或是避孕药。如果你自从服用了一种新药之后，就很难穿上之前穿的衣服，那么去问问你的医生，是否有其他的药物可以代替，不要在没有任何用药指导的情况下，就擅自停止服用现在吃的药物。

一个肿瘤及其变大

在极其罕见的一些例子中，额外的体重增长也可能是由于大块肿瘤或囊肿所造成的。如果你注意到诸如腹部这样的身体特殊部位猛长肉，并出现相应症状时，那么必须去看医生。

那么，突然的体重下降又是什么情况呢？

突然的体重下降同样也可能是病重的讯号。如果没有任何明确的原因，体重就大幅下降的话，千万不要无视这一现象，尽快去医院检查一下。

该你了!

如果你担心任何药物问题的话,那么找个时间去下医院。看医生的时候,请他帮忙测量个血压,再进行一下其他常规的身体检查。向医生说明你打算要实施节食和运动的减肥计划。你的医生会为你能够掌控自己的健康状况而感到高兴,也可以询问下医生是否有特殊的建议提供给你,尤其是当你正处于肥胖或一直在服药的状态时。

3

怎样减肥才切实有效

我们都希望自己知道不费吹灰之力就能瘦身的方法。当你在家附近的书店瞄到减肥书一栏,或者看到超市里的杂志封面,就会发现似乎每个专家都掌握了轻松减肥的关键——无论是某个特定食物,或是食物搭配组合,都只是在一天的某个特定时候进食,或者根据你的血型或体型进食。最关键的是,减肥顾问们不断地向我们推荐贴有“轻松、速效”减肥标签的产品,诸如减肥药、瘦身补片、食物替代品。

坏消息是，如果你不改变自己的生活方式，不费点力气的话，这个世界上是没有减肥奇药的。好消息是，减肥的方式实际上很简单——如果你照着做，就能慢慢地减去赘肉，达到自己理想的身形，并保持下去。

热量摄入和消耗公式

体重减轻（或体重增加）与热量的摄入和消耗密切相关。你通过食物和饮料摄入热量（以卡路里计算），食物被你的身体分解，热量释放出来。然后，这些热量用以维持你全部身体机能的运作，从维持心跳到调控体温和大脑运作。你的每个动作都是在消耗热量，从眨一下眼到跑一次马拉松。

你需要每天摄入一定量的卡路里以维持稳定的体重，具体是多少量则取决于你的身高和体型，但是对女性来说，一般每天需要摄入 2000 卡路里，男性是 2500 卡路里。如果你摄入的卡路里超过身体所需的量，而你又不通过运动消耗掉它们，那么多余的卡路里就会积聚成脂肪。如果你摄入的卡路里少于你需要的量,那么你的身体就会消耗囤积的脂肪用以补足,这样,你的体重就会减轻。确实,直接的、最有效的节食方法——它们往往是一系列方法——可以浓缩为热量摄入和消耗公式。

然而,还有一些方式可以更简单地减轻体重,例如,吃那些较缓释放热量的食物,从而可以更长时间地有饱腹感,以及做一些能够更有效燃烧脂肪的运动。你将在之后的章节中了解到更多这方面的内容。

常见的误解

我能够针对身体特定部位“定点减肥”。

不幸的是,不太可能只针对诸如上臂或大腿这类的“问题”部位进行减肥。不过,健康的节食和运动能够减去你全身多余的重量,这将会改善你的整体形象。另外,你可以进行一些针对某个部位练肌肉的运动,这也会有帮助。

对饥饿式节食法说“不”

快速减肥无疑是非常吸引人的。一个月减去 13 公斤？是的，让这实现吧！不过，事实上，太快减轻体重对你的身体并不好，而且会使你之后更容易反弹。

为了获取身体所需的营养以保持健康，你必须每天摄入一定量的卡路里。摄入过少的话，健康就会出问题。你还会虚弱无力，发现各项身体机能很难正常运作——比如，无法清醒地思考，变得笨手笨脚，容易受伤。另外，摄入极低量卡路里的节食方式会非常艰难，你会很快就放弃，重新回到原点。

此外，如果能量摄入的速度过慢，你的身体就会进入一种"饥饿模式"，试图极力储存脂肪，减缓新陈代谢（即身体燃烧脂肪的速度），以此保障你度过"饥荒"。当你重新恢复正常饮食的时候，你的身体会更迅速释放脂肪，最终你可能会变得比节食前更重。

最后，饥饿式节食法并不会重塑你的饮食习惯，所以一旦"节食"停止，你又会回到旧有的习惯，而体重也会随之节节攀升。因此，远离极度"低-卡路里"计划吧。

常见的误解

一旦为减肥成功，我就能恢复正常生活了。

如果你在减肥之后，又开始吃垃圾食品、不做运动，可以预想，最终你又会回到减肥前的样子——超重、不健康。毕竟，那就是当初你变胖的原因。你需要把节食、运动看作是一种新的健康的生活方式，并且永远如此！不过，这并不意味着你不能再有任何乐趣。你仍然能够在有节制的生活中享受自己最喜欢的东西。

听听人们怎么说……

我是一个典型的临时(yo-yo)节食者。当遇到一个特别的场合时，比如婚礼，我便会进行严苛的节食。有时我能减去1英石(即14磅，约等于6.35公斤)的体重，但是一旦事情结束，我又会回到自己原来的生活方式，体重便也随之重新上升。在我的体重达到83公斤的时候，我曾一度绝望过，并尝试着通过喝卷心菜汤来节食。两周内，我减去了4.5公斤，但这也会带来一些副作用，我变得体弱多病。两周以后，我就像是一个被人嘲笑的跛子，体重迅速反弹至87公斤。最终，我采取了一种合理的节食方式，这种方式花了一段时间才达到我想要的目标，但它是无痛无害的——而且体重持久稳定了下来。

Sandra，52岁，现在62公斤，穿衣尺寸：UK12

缓慢但稳定赢得了胜利

永久地减去体重的最佳最有效的方式就是健康地饮食，即女性每日少于1200卡路里的节食，或男性每日少于1500卡路里的各种节食。除此之外，再结合运动锻炼（至少30分钟的适度运动）以增加热量消耗，这样，你就可以看到脂肪在逐渐消失了。

第一周你可能会减去3公斤，但主要还是循序渐进地减重。之后，你可以每周稳定地减去0.5至1公斤，这是一种安全、健康的减肥过程。这样，你就能坚持计划，而体重也更能持续减轻。在达到目标体重之后，你可以逐渐增加卡路里的摄入量，以保持你的新体型。

该你了！

有可能你过去曾经尝试瘦身,但却失败了,尤其是如果你曾试图采用饥饿式节食法的话。现在已经有了解决的方法,就是不要再去尝试极度低-卡路里的节食方式,而是采用一种缓慢但稳步的减肥方式,这种方式有助于你的健康,并能获得成功,永久保持减肥成效。你知道这样做讲得通！

听听人们怎么说……

20岁的时候,我的体重是92公斤,这已经构成了健康问题。医生告诉我,我的胆固醇和血压已经高得有点危险了,让我进行药物治疗。我制定了每日摄入1300卡路里的节食计划,并开始每周3次用婴儿车推着我的孩子步行。我一周只减去了0.5至1公斤,但我知道缓慢地减轻体重是健康的,所以一直坚持这种方式。在短短一年之后，便达到了自己定下的目标。

林赛，26岁，现在53公斤，穿衣尺寸：UK10

准备减肥

成功瘦身的关键是事先制定好计划。因此，在一头扎进减肥过程之前，先花一些时间定下自己的目标，并下定决心如何达到这个目标。

你的目标是什么？

大部分瘦身者都会有一个想要达到的瘦身目标（你可以在第一章的图表中找到自己的健康体重数值），但这并不一定必须与体重有关。你的目标可以是重新穿上某件衣服——可以每两周试试看能否穿下，以此检验自己的瘦身进度。或者，可以测量下你的血压是否下降到了更健康的水平线。只要你明确了自己想要获得怎样的成效，那么定下的目标具体是什么就并不重要了。

制定计划

如果你在没有一个明确计划的情况下就开始节食和锻炼,那么便会很快失去专注力和动力。当然,随着减肥的进行,你可以不断地调整自己的计划,但还是需要在开始的时候就对你的计划有一个清晰的概念,所以把它详细地制定好,并写下来吧。

记录下开始时的数据

定下来何时开始新的生活方式。选择一个没有什么压力的时间点,不要在自己承担高压工作计划的时候开始减肥,那时你要长时间工作,肯定会吃很多。不要在大吃大喝的假期或重大庆祝活动刚结束的时候开始节食,不然,你要么会直接卸甲投降,要么就会觉得悲惨、颓废。周一似乎是个标志一切又开始了的一天,但当你需要与家庭晚餐、聚会、外出约会妥协的情况时,最初的减肥热情可能会被周末泼冷水。从周五开始，你将度过第一个周末，你需要仍然保持强烈的减肥动力，帮你度过接下来更多个节食成功的周末。

该你了！

在你开始之前，通读一遍这本小册子，如果需要的话，记些笔记，这样你就能理解所有能够成功减肥的原则。定下你的目标，想好如何实现它的方式。写下来，贴在你经常可以看到的地方。写下新的健康的节食计划，包括每周的购物清单。想好你可能会喜欢的运动，查找一些信息，比如当地有氧健身教室的时间表，报名参加网球课程，或是收集整理健走活动的信息。选一个日子开始你的新生活方式吧。

4

吃着减肥

让我们将注意力转向能量守恒定律的前半部分。正如你所知道的,没有必要靠饥饿来减轻体重,尤其是在你通过运动燃烧足够的能量时。不过,你确实需要开始控制通过食物和饮料所摄入的能量。这并不是说你就不能再享受自己喜欢的东西,而是指需要自我节制。有各种方法可以做到这一点。

计算卡路里

计算卡路里是一种简单、科学的控制能量摄入的方法。卡路里(有时也叫“千卡”或“大卡”)是食物所含能量的单位。为了减轻体重,每日的标准应该是进食 1200 卡路里左右(女性),或 1500 卡路里左右(男性)。如果你想要减去大量体重(超过 19 公斤),开始时可以每日摄入 1750 卡路里(女性)或 2000 卡路里(男性),然后每减轻 6.35 公斤体重相应地减少摄入的热量。大部分包装食品都会标出其卡路里含量,而卡路里指南会告诉你,你所食用的基本(烹调)原料和新鲜食物中所含的究竟是什么。

Pros:这是一种精确的科学——你完全可以控制自己所摄入的热量。

Cons:测量、计算并统计出每顿饭及点心、零食所摄入的卡路里量需要一些时间(不过,在下一章中,我们已经替你完成了一些较难的工作,此外,还有许多关于卡路里计算秘诀的图书可供参考)。

脂肪计算

我们似乎都摄入了太多的脂肪,这些脂肪对我们的健康会产生可怕的影响。所以,在管理卡路里的同时,最好也关注一下脂肪的摄入。一般而言,你从脂肪里获取的卡路里不会超过33%。如果你想要减轻体重,那么目标就应该是25—30%。这也就意味着女性每日摄入35克,男性42克。同样地,大部分包装食品都会标贴出脂肪含量,而卡路里指南则会提供其他的脂肪信息。

赞成意见:控制脂肪的摄入将会降低许多方面的健康危险,包括心脏病和中风。

反对意见:低脂肪并不意味着低卡路里——许多食物不含脂肪,但却含大量糖分。

配额控制

一些人没有耐心计算卡路里和脂肪的克数,而是更喜欢进行进食配额控制。这只要简单地减少平时进食量的一半或三分之一。有些产品可以为你做这些工作,比如标明餐饮中所含蛋白质、淀粉或糖类食物、蔬菜正确配额比例的膳食板。此外,还有一些其他的方式来计算配额——例如,碳水化合物的部分应该和你的拳头一般大小,每顿饭的量应该是一副纸牌的大小等等诸如此类。

赞成意见:把更多的时间用在计算卡路里和准备不同环境场合更"便携"的食物方面,比如办公室餐具盒,而不是浪费时间。

反对意见:这并不是完全科学的,你可以发现在还没有意识到的情况下,你的卡路里摄入就已经在不断减慢了。

瘦身俱乐部的"要点"

诸如"体重监控者"(Weight Watchers)和"瘦身世界"(Slimming World)这样的瘦身俱乐部有着各自不同的计算能量摄入的方式,这些方式考虑到"要点"、"罪恶感”和自由饮食。通常只是计算卡路里和脂肪克数的不同方法,但能使会员更容易接受接下来的安排。

赞成意见：虽然你仍需进行一些测量和计算,但大部分困难的工作我们已经为你完成了。

反对意见：只使用你参加的俱乐部所推荐的品牌产品和食谱。你会需要得到一些可利用的资源。

该你了！

考虑一下哪种方式最适合你,需要多少时间,以及需要投入多大精力来掌控你的热量摄入。当你要购物或烹饪时,带上一本可以参考的、关于卡路里和脂肪摄入的口袋书。计算器和厨房剂量容器可以随手配备。

听听人们怎么说……

当体重超过127公斤的时候,我知道自己必须采取行动了。我想要自己设计节食计划,而不是采用已有的那些方案,所以我买了一本卡路里指南和一些厨房测量容器,开始自己做饭吃。我坚持每日只摄入 2000 卡路里,吃足够多的蔬菜和水果,减少饮酒量,但允许自己每周吃两次巧克力。我甚至还制作了一张电子表格,描画出自己摄入的卡路里和脂肪量,以及相对应的减去的体重。

里基,37 岁,现在 81 公斤

为你的身体供应食物

健康的日常饮食不仅事关你身体摄入了多少卡路里,同时也与你怎样“消耗”掉这些卡路里有关。当然,仅从每天摄入的食物和甜点中,你就能获取 1200/1500 卡路里。然而,如果你面色难看,没有力气去享受生活,这些让你看上去或自我感觉很糟糕,那么即使变苗条了,又有什么意义呢?如果你想要身体的各项机能正常运作,尤其是如果你计划进行健身运动的话,那么给你的身体补充营养是很重要的。所以,这里提供一个关于基础营养的速成课程。

淀粉或糖类食物

诸如面包、意面、谷物、米饭和土豆这类的含淀粉、糖类的饮食，加上其他一些水果和蔬菜，在你的身体分解，提供短暂的能量。同时，全谷物或各种淀粉类食物也提供了充足的纤维，这些是身体健康地吸收能量所必须的。你身体摄入的 40% 卡路里应该就是来自淀粉或糖类食物，但正如这一章接下来说要说明的那样，对你的身体而言，有些淀粉或糖类食物要比另一些更好。

蛋白质

蛋白质同样可以提供能量，并且对于人体组织的生长和修复也是必须的。肌肉是由蛋白质组成的。蛋白质存在于肉类、鱼类、禽蛋、奶制品（也是钙元素的重要来源）、豆类（bean）、阔恩素肉（Quorn）、大豆（soya），豆子（pulses），以及坚果。蛋白质大致构成了人体所摄入卡路里的 30%左右。

脂肪

脂肪能够帮助你的身体机能正常运作,并辅助体内的营养运输。它们在你所摄入的卡路里中不应该超过30%左右的比例,但是大多数的人都摄入了过多的脂肪,由此也导致了各种健康问题。选择坚果、植物籽、牛油果、橄榄油这样的不饱和(好的)脂肪,避免黄油、油酥点心、蛋糕、肥肉、以及高脂肪奶制品等诸如此类的饱和(坏的)脂肪。

维他命和矿物质

这些对你身体的诸多不同机能的运作是必不可少的。水果和蔬菜富含维他命和矿物质(以及纤维),为了身体健康,每天至少应该食用5种。

为了均衡膳食,需食用各类全谷物淀粉或糖类食品、瘦肉蛋白(将家禽除皮,并拿掉可见的肥肉)、豆类、低脂奶制品、水果和蔬菜。避免食用加工肉制品(汉堡和香肠)、方便食品、咸的快餐(诸如薯条)、甜的食品和饮料

(汽水、糖果、饼干、蛋糕),以及高脂肪食物(油炸食品、油酥糕点、多乳脂的酱汁调料、肥肉)。

素食者(vegetarians)和纯素食主义者(vegans)

即使你因为道德或健康问题而不吃动物产品,那也同样可以享受各类食谱,而且由于饱和脂肪的低摄入,往往使你更容易减轻体重。请保证通过食用豆类、豆腐、阔恩素肉、组织化植物蛋白质(TVP ,textured vegetable protein)、大豆产品、坚果和植物籽来摄入足够的蛋白质。非纯素食资源包括鸡蛋和奶制品。同时,你还应该关注自己摄入的铁元素(存在于干果、全谷物、坚果和绿色多叶蔬菜)和钙元素(存在于绿色多叶植物和豆奶这样含钙丰富的营养物)的含量,素食者和纯素食主义者的食谱中会较少含有这些。

该你了!

现在就下定决心正确“分配”你的卡路里——不要

从垃圾食品和加工食品中获取1200/1500卡路里。熟悉不同的食物组合,并搭配好一个健康、均衡的食谱。你可能会想要买一本有卡路里和脂肪配方的烹饪书籍。

常见的误解

我可以在晚餐时一次性摄入全部所需的卡路里。

什么时候吃饭和吃了什么同样重要。为了白天有足够的能量给你的身体提供持续的营养,你必须将食物的摄入分配到一整天中,理想的安排是一日吃三顿正餐和两次健康的点心,这样不会使你感到饥饿,也不会让你在意志薄弱的时候想去找巧克力吃。

什么是低—血糖指数(low-GI)食物?

GI即血糖指数(glycaemic index),GL则指血糖负荷(glycaemic load)。血糖指数是你的身体分解淀粉和糖分的速度。诸如巧克力、饼干和白面包这样的高-血糖指数食物,迅速为你提供热量,之后便马上被分解消耗,而诸如糙米、燕麦粥,以及大部分的蔬菜这样的低-血糖指数的食物,分解较慢,会为你提供持续的热量,使你能更长时间地感觉舒适。它们同时还会帮你维持血糖和胰岛素水平,所以更多地食用一些低-血糖指数的食物吧。

怎样烹饪很重要

烹饪的方式可以使你的食物呈现完全不同的健康水平。油炸会增加脂肪含量,煮沸会浸出维他命和矿物质。烘焙、烧烤和蒸是最佳的保留食物低脂肪和营养的烹饪方式。

常见的误解

我再也不能享受自己喜欢的东西了。

你当然可以!如果巧克力、薯片或者小酌一杯是你的最爱,简单地预算一下你的卡路里,这样你就可以每周几次好好享受自己喜欢的东西了。如果你的日常饮食大部分都是健康的,那么将一些卡路里的摄取分配在你钟爱的食物上,这便并没有什么不对,反而会令你保持身心愉悦,并且更有动力。

听听人们怎么说……

在我第一次加入瘦身俱乐部之前,体重已经达到134公斤。健身教练告诉我,我所买的食物、我的烹饪方法,以及我吃东西的量,这些全部都是错误的。我不再使用黄油、猪油和食用油进行烹饪,而是用烘焙和烧烤的方式取代油炸。我开始买一些水果和蔬菜,少买甜点、白面包和肥肉。我仍旧可以每周享用一次自己最喜欢的炸鱼薯,但不久之后,我便真的喜欢上了现在这个更健康的食谱。

凯茜,43岁,70公斤,穿衣尺寸:14号

5

让你的节食方式对你有效

现在你知道了怎样吃才能减轻体重，那么是时候将其运用到实际生活中了。你可能想要去研究一些计算卡路里的烹饪书籍，尝试去烹饪一些低脂肪的食物。不过，现在，我们会为你提供一个便利优势，教你一些每顿餐食容易"挑选和组合"的搭配。

这个计划意味着每天摄入 1200 卡路里，简单地选择各种搭配方式的早餐（200 卡路里）、午餐（300 卡路里）和晚餐（400 卡路里），外加两次点心（每次 100 卡路里）。

每顿饭,我们都为你提供 7 种搭配方式,帮你开始节食。除此之外,饮品和谷物可以选择半品脱脱脂牛奶。如果需要的话,你可以把午餐和晚餐换掉。由此,男性,以及那些开始时被允许摄入较高卡路里的减肥者(因为有更多的体重需要减去)可以另外再吃点点心。

早餐

- 用 25 克燕麦和脱脂牛奶熬粥,再放上几片切成薄皮的香蕉(如果想要的话,还可以再加点甜的东西)
- 一片全麦面包放上一个水煮蛋,抹上一些低脂的酱类,再加一个苹果
- 一大盆水果和浆果拼盘,一小瓶低值酸奶,再放上一把什锦坚果
- 一片全麦面包放上两片烤火鸡片和烤西红柿
- 半块烤硬面包,一个炒鸡蛋,以及 50 克烟熏三文鱼
- 40 克低糖果蔬燕麦片加脱脂牛奶,再放一把蓝莓
- 一片全麦面包涂上花生酱,再加一个梨

午餐

- 三明治——两片全麦面包,30 克鸡片,色拉,涂抹一些蛋黄酱
- 半罐番茄酱加罗勒酱制作 50 克意面
- 现做或罐头的汤(最多 200 卡路里),加涂抹低脂酱料的全麦卷
- 蘑菇、胡椒加两个鸡蛋制作煎蛋卷,少量磨碎的干酪,色拉
- 烘焙好的番茄放上(由脱脂凝乳制成的)松软干酪,再加一大盘色拉
- 三明治——两片全麦面包,100 克罐装金枪鱼,什锦色拉,再加一根香蕉
- 袋装什锦豆色拉(最多 200 卡路里),涂抹低脂酱料的全麦卷

晚餐

- 含 60 克羊乳酪、不加任何油类的大份希腊色拉，以及全麦卷
- 150 克烤鸡胸（去鸡皮），100 克新鲜土豆，任选两种蔬菜，低脂肉汁
- 150 克烤三文鱼鱼排，50 克棕米，大份什锦色拉
- 150 克炒虾，各类自选蔬菜，1 勺辣椒酱，一小份全麦面
- 125 克切块火鸡，或 125 克阔恩素肉，搭配 60 克蒸粗麦粉，切片黄瓜，洋葱，拌色拉
- 100 克切片烤乳蛋饼，配大份色拉，再加一个苹果
- 小份蘑菇，豆酱意面随意搭配叶绿蔬菜，再加低脂酸奶

点心

- 任意水果一份

- 两份米糕,每份上都放一勺花生黄油
- 一罐低脂奶酪
- 4 块黑巧克力
- 小份腰果花生
- 小份蔬菜色拉拌豆泥
- 150 毫升一杯的干白或红酒

常见的误解

咖啡不含卡路里。

据说黑咖啡不含卡路里,但全脂牛奶,尤其是拿铁,或者是加入了各种巧克力粉、奶油和糖等,这些东西的卡路里含量可以超过 300。请选择过滤咖啡,加脱脂或半脱脂的牛奶,不加糖,或者以甜味剂取代糖。

坚持减肥策略

正常饮食,这样你就不会有饥饿感。坚持一个健康的节食计划会更容易些,这里为你提供一些可以保持节食动力的建议：

计划要在前

节食的成果全在于计划。计划好一周的食谱，而后根据其进行采购。知道自己会吃些什么、什么时候吃，这样你就不太会因为心情或欲望而去吃点心。

消除诱惑

如果你知道自己无法抗拒巧克力饼干（或者其他的包装零食）的诱惑，那就让家里不要出现它们。在节食初期，清空你厨房里的那些考验意志力的不健康食品，而且，永远不要饿着肚子去采购食品！

储存健康食品

在你的冰箱里放满健康的食物，当急需的时候，就可以随意挑选。水果和浆果是不错的甜品。冰沙和无脂酸奶既健康又美味。坚果和谷物既提供了“好的”脂肪，又是有营养的蛋白质来源。低脂鹰嘴豆泥，或是米糕上的鳄梨，又或是蔬菜色拉，都是令人期待的可口美味。

保持多样性

如果你每天都吃同样的食物，那么很快就会觉得腻了。试着吃点不同的东西，每周做些新的改变，这不仅能避免你腻烦某种食物，而且可以使你在节食的过程中获取不同的营养。

食品预算

苦行僧式的节食只会令你陷入悲惨的境地。每周两次允许自己吃一些最喜欢的食物。这样你便会少些被剥夺生活乐趣的感觉，反而更容易坚持自己的节食计划。

该你了！

在你每周要采购食物之前，先想好未来7天的饮食计划，列出需要采购的食材——外加一些诸如水果和坚果这样的健康点心。一定要按照你的列表进行采购，并且只买需要的东西。每周都在购物篮里放进一样新食材,比如你之前从未吃过的进口水果或蔬菜。随身携带卡路里指南书,以便在需要的时候查阅。

听听人们怎么说……

当体重达到87公斤的时候,我总是感觉很不舒服,容易精疲力竭。我开始控制卡路里的摄入量,不再吃快餐、外卖,而是食用新鲜的鱼肉、水果和蔬菜。如果我的酒瘾犯了,那就会偶尔喝点伏特加和细口瓶汤利水(slimline tonic)。奇怪的是,我可能比超重时吃得更多,但吃的都是健康的食品。所以,现在,我觉得充满了能量和自信。

桑德拉,46岁,现在63公斤,穿衣尺寸:14号

简单的食物替换

你还是觉得很难坚持每日允许的卡路里摄入量吗?

这里提供一些简单的食物替换方法，可以令你在不知不觉的情况下减少卡路里和脂肪的摄入。

- 用半脱脂牛奶替换全脂牛奶。
- 低脂奶酪和酸奶与全脂奶酪和酸奶口味相似，而且同样富含钙元素。
- 选择纯天然的果汁和纯水，而不是含糖的果汁汽水和软饮。
- 烈酒比葡萄酒和啤酒所含的卡路里更少。
- 用含脂极少的番茄酱为基本原料的酱汁替换奶油酱。
- 用水煮白米饭取代蛋炒饭或肉饭。
- 用炒鸡蛋、煮鸡蛋和水煮蛋取代煎鸡蛋。
- 食用烤土豆，而不是薯条。
- 果汁冰糕比冰激凌所含卡路里更少，而且几乎不含任何脂肪。
- 选用低脂的酱料、蛋黄酱拌色拉。

常见的误解

如果什么被贴上了“低脂”的标签，那么它肯定就是健康的。

有时，低脂产品会号称它们不含额外的糖分，不要这样就相信包装，为自己检查下其营养标贴。

不要变成灰姑娘

诸如聚会、和朋友一起喝酒、家庭聚餐这样的场合会使坚持节食变得异常艰难，但进行一场健康的节食并不会毁了你的社交生活。这里为你提供一些小贴士，帮你走出节食的雷区：

- 在出席婚礼或聚会的时候，尽可能选择远离自助餐的桌子，这样你就能少把目光投注到食物上，来回去拿吃的。给你的盘子里盛满蔬菜色拉或其他色拉和素肉，避免油炸食品、糕点和芝士。
- 找喝的的时候，避免甜的鸡尾酒、葡萄酒和啤酒，选择气泡酒，不要喝任何含酒精的饮品，换成软饮或水。

- 出门前,吃点富含蛋白质和淀粉的点心,比如加了鸡蛋的吐司。这会使你避免感到饥饿,从而可以在聚会中少去找吃的。
- 如果你要去一家餐厅,那么试试能不能先在网上找到这家餐厅的菜单,并想好最健康的选项。到那以后,不要狂吃面包和黄油。让服务员拿一些调料或酱料。先吃开胃菜或甜点,但不要两样都吃(或者可以和别人分享一样)。点酒的时候点一杯,而不是点一瓶。
- 被邀请参加家庭晚宴?那么你会在桌上有一个自己的盘子,始终让这个盘子里盛放低脂和健康的食物,保证里面至少有一半的食物是蔬菜。

听听人们怎么说……

我开始节食的时候,是79公斤。我规定自己每天最多摄入1400卡路里,并且为自己制定了特定的饮食计划

(包括正餐和点心)。我开始亲自下厨为自己做饭,但并没有放弃自己喜欢的食物,只是使用一些低脂和低胆固醇的食材来制作食物,以此保证食物的卡路里含量在限定的范围之内。我甚至在去餐厅的时候,都会带着卡路里计算表。

伊迪,33岁,现在57公斤,穿衣尺寸:10号

6

为何运动至关重要

能量守恒的后半部分包括燃烧那些过多的卡路里和促进新陈代谢。正如我们在第三章中所说的那样,如果你燃烧的卡路里超过你摄入的量,那么你的身体就会消耗脂肪,释放能量。

仅仅通过节食就达到瘦身的目的,这也是可能的,比如,你在残疾或行动不便的情况下。不过,如果你能每周运动几次,那么就能更轻而易举地减去体重。运动还能锻炼你的肌肉,使你看起来更健壮,并且能够改善你的形象。运动甚至还能帮你稳定血糖指数,降低对糖份的需求,从而也更能将节食坚持下去。

如果你将去健身房看作是一场噩梦,那么也别担心,在第七章中,你将学会怎样轻松投入一项适合你的有趣且见效的运动项目。

保持身材的益处

除了加速减轻体重,帮你长期远离赘肉之外,保持身材的好处还有许多。没有说服力?那么检查看看是否有以下益处:

- 减少病痛。运动可以促进你的免疫系统,使你的身体不容易被感冒等病菌侵入。如果你真的生病了,也可能没那么难受,而且可以更快康复。
- 改善睡眠质量。定期运动可以改善你的睡眠质量。你会发现自己更容易入睡了,而且醒来的时候也更有精神了。
- 增强脑力。吃点甜食可以使你的头脑更加灵活,甚至还可以帮助你减缓脑部老化,降低患老年痴呆症的风险。

- 更添幸福感。运动能够释放一种“感觉良好”的荷尔蒙羟色胺和安多芬,它们可以对抗压力,并有助于你调节情绪。保持良好的体型可以帮助人们抵抗抑郁。
- 肤质更好了。促进肤下血液循环可以传递营养,解决损耗问题,使你的肤色更加明亮、红润。
- 增强能量和活力。运动得越多,你就能获得越多的能量。利用它,或者就只能白白浪费了!
- 延年益寿。运动在降低患病风险中起到了主要作用,包括结肠病、前列腺和心脏病。

听听人们怎么说……

当体重达到87公斤的时候,我开始憎恶镜子中看到的自己。我还得了产后抑郁症,后来这发展成了长期问题。我从未觉得有好转。医生建议我试试瘦身,恢复身材。我有一辆婆婆给的旧自行车,于是开始每周骑3次车。我已经有些年月没有健身了,但很快便爱上了运动,并升级换了一台踏步机。此外,我还开始每周游两次泳。两年以后,我觉得自己像换了个人,更加健康,肤色也变得明亮,抑郁也随之消失了。我的丈夫说,就好像有了个新妻子一样。

泽塔,34岁,现在60公斤,穿衣尺寸:12号

三种类型的运动

为了达到最佳效果,你的锻炼要包含三类运动,并且理想的状态是以如下顺序进行。

心血管运动

"有氧"运动能够加快你的心率,增加你的肺活量。有时,它又被称为"增氧"运动,这类运动对你的心脏和肺部有很大益处。它能消耗掉大量卡路里,促进新陈代谢,以此帮助你减去体重。有氧运动包括跑步、骑车、跳

舞、有氧健身操、划船、游泳，以及任何可以使你心脏加强跳动的运动。“高冲力”运动是指诸如跑步、跳绳这样双脚同时离地的运动。“低冲力”运动则指诸如骑车、游泳这样关节受到较少压力的不接触地面的运动，如果你体重超重的话，通常比较适合开始时选择这类运动。

抗阻力训练

又被称为“力量训练”，即利用肌肉收缩来训练力量。这类训练可以指对抗外力的运动，诸如利用哑铃、橡皮圈或健身房里重量级健身器材进行的训练。或者说，这类训练可以包含对抗身体自身重量的训练，诸如俯卧撑、深蹲、仰卧起坐。游泳同样也可以被视为抗阻力运动，因为你需要对抗来自水的重量。抗阻力训练可以塑造肌肉力度和密度。这类运动也有利于减轻体重，因为肌肉具有代谢活性，比身体其他组织能燃烧更多的卡路里，即使是在休息的时候。因此，锻炼那些肌肉，它们就可以不停地消耗卡路里，即使是在它们睡着的时候！此外，这还可以使你看起来更健壮。

常见的误解

力量训练会使我增加体重。

不要把力量训练集中在举重、深蹲、卧推、硬拉和健美运动上，它需要真正的意志力和顽强的毅力，通过极严苛的重量训练和高蛋白饮食，锻炼出壮硕的身体肌肉。因此，女同胞们，不要担心会练出过度男性化的体型，这不会发生。

拉伸运动

运动之后做些拉伸肌肉的动作十分重要，这能增强你的柔韧性，帮助避免肌肉受伤和疼痛。同时，还能帮你锻炼长肌和瘦肌，使你看起来更苗条。轻柔地做每个拉伸动作，坚持这个动作30秒。要感觉到肌肉的拉伸，但不要太过于去感觉疼痛。随着时间的推移，你的拉伸动作能更伸展，而且身体会更灵活。一本指南或一个形体老师会在你训练期间为你特别指导肌肉拉伸方法。

我是否能以身体的某个问题区域为特定目标进行锻炼?

在锻炼肌肉的同时,阻力训练能够帮助你强化你在意的身体的某个特定部位。如果你不想有小肚子,那么仰卧起坐或其他锻炼腹肌的运动可以帮助你消除腹部赘肉。讨厌自己的粗胳膊?去健身房,用健身器材做些提举运动,可以帮你锻炼手臂肌肉。

运动前的热身和运动后的调整

在运动前进行热身非常重要,它可以使你心率加速,体温升高,关节放松,为你的肌肉做好运动的准备。如果你不进行诸如拉伸肌肉这样的热身运动,就会更容易受伤。所以,一定要在正式运动前 5 分钟做一些缓和的热身运动,比如原地踏步、甩甩胳膊。或者试试随便什么你正在做的运动的更慢些的动作,比如,如果你要进行骑车锻炼,那么在开始的几分钟时,先骑着车慢慢地、缓和地转圈活动一下。

运动后的调整同样重要,它可以使你的身体回到正常的休息状态,不容易感到酸痛,或是在运动之后出现肌肉疲劳的情况。所以,慢慢地放缓脚步,直到结束运动。这时候也适合做些拉伸动作,乘肌肉还放松的时候。

听听人们怎么说……

在我报名参加一次穿越秘鲁的慈善徒步时,我的体重是97公斤,我知道自己必须要进行瘦身才能完成这次徒步。于是,我开始运动,早晨跑步45分钟,晚上骑车1小时。随着体重减轻,我的感觉也越来越好,运动也锻炼了我的意志力。8个月后,我减去了32公斤!秘鲁之行精彩极了,至今我仍着迷于运动。我的妻子觉得我早起就是为了跑步会有点疯狂,但这确实令我一整天都精神振奋。

西蒙,53岁,现在65公斤

赶走肥胖的秘诀

虽然所有的运动都能帮助你消耗卡路里,锻炼肌肉,但还有一种技能被证明可以更快地燃烧脂肪。这种技能被称为“间接训练”,它适用于任何形式的有氧运动。

简单地说,间接训练就是指在急剧加速心率的剧烈运动交替之间的运动,是一种放慢步调的恢复运动。例如,如果你在跑步或者骑车,那么可以用一两分钟的时间尽自己最大可能去冲刺,接着慢慢放缓步调(即使是走路)三四分钟,然后再一次进行一两分钟的冲刺,接着三四分钟放慢步调,以此反复。

间接训练被证明在同样的运动时间里,能比缓慢的运动更快地塑造体型、燃烧脂肪,这可能是因高强度的间接训练而促进的新陈代谢爆发所导致的。

常见的误解

我应该每天都运动。

即使是最严苛的训练，也需要一周至少休息一天。这可以让肌肉能休息下，并自我恢复。

该你了！

你是否已经准备好加大自己的活动量，并开始运动，以此帮助减肥呢？除此之外，通过运动，你还能有哪些收获呢？将你瘦身后能获益的方面一一列出来，例如，可以有一个更好的睡眠，改善情绪。接着，在下一章中，我们将教你如何制定一个适合自己的运动计划。

7

让运动对你有效

现在,你已经了解了充分的理论知识,那么是时候付诸实践了。如果你一想到要去健身房就冒冷汗,或者觉得最近在街区跑步有困难的话,那么也不要担心。这里提供一些会让你觉得乐于从事并易于坚持的运动项目,还有一些无需磨练便能稳步提升运动水平的方法。

找到你喜欢的运动项目

最重要的是能找到一项你想要从事的运动。如果穿上运动服参加有氧教室的跳操运动是你关于未来苦练的设想,或者你觉得穿着暴露的泳衣会心里不舒服,那么就不要勉强自己,还有很多会让你心跳加速的运动。或许,你一直想要学习舞蹈?骑车上班或骑车玩对你更有吸引力?跳绳、玩呼啦圈或飞盘怎么样?你可以每周做几次任何让你心跳加速 30 分钟的运动就行。

同样地,进行阻力训练也是一样,如果你知道自己坚持不了减肥计划,那么开始跳出这个模式,想想可以做些什么。干一些重体力活,或者做一些手工活,能够切实有效地锻炼肌肉(次日,你便能明显地感觉到这一点)。地狱式徒步对锻炼你的腿部肌肉会有很大成效。或者,尝试一些新的锻炼方法,比如普拉提健身操,怎么样?

为自己选择运动方式同时也意味着要了解你自己。一些人喜欢计算或记录运动过程,在这种情况下,比较理想的选择就是健身房的运动器械,因为它们能告诉你,你跑步的里程、速度或者圈数。如果你想在瘦身的同时获得乐趣,那么广场舞、滑冰、武术、骑马或者打网球也许可以满足这一需求。

该你了!

仔细想一下你究竟想从运动中得到些什么。你想要记录下自己的运动过程吗?你更喜欢个人运动还是集体运动?是否有什么运动或技能是你一直想要学的?把吸引你的运动列一个单子,去了解一下你家附近有哪些运动课程可以报名、有哪些健身俱乐部可以加入,或者有什么运动器械可以利用。尝试一些不同的运动项目,最终找到自己最喜欢的那个。

如何开始

开始一次瘦身计划会令人感到畏惧,尤其是在你已经很多年(或者从来)没有进行过体育锻炼的情况下,更是如此。如果你一开始就直接进行长时间、大强度的运动,那么很快就会对运动过程感到恐惧并且放弃——此外,你还冒着受伤的危险。正确的做法是由简入难,循序渐进。

得到医生的许可

如果你有任何健康问题、过度肥胖、或者很长时间没有锻炼了,那么先要征得医生的意见,他们或许能给你一些明确的建议,告知你哪些运动是适合你的。

慢慢来

你有足够的时间一步步瘦身。如果你严重肥胖,那么走路是开始运动的最佳方式。为自己订一个挑战目标,一周 3 次,轻松地走个几英里。随着这变得越来越容易,增加几英里,再增加几英里。如果你报名参加了健身班,那么不要勉强自己承担令你感到不适的运动强度。聆听自己身体的感受,如果需要,就休息一下,你的老师和班里其他同学会理解的。

保持低强度的运动

如果你严重超重,那么先保持低强度的运动,直到变得苗条一点。诸如跑步、跳绳这样的高强度运动会对你的膝盖和肘关节造成压力,由此很大程度地增加你受伤的危险。竞走、游泳或者骑车对膝关节的压力会缓和很多。

寻求专业的建议

如果你觉得不得要领的话,那么去咨询一下专业人士,请他们给些建议。如果你加入了一个健身俱乐部,就会有健身教练教你如何使用各类运动器械,帮你制定运动计划。如果你报了一个健身班,那么事先和老师谈一次。他们会传授你一些运动要领,看着你进行运动,以保证你的动作是正确的。

听听人们怎么说……

当姐姐把她的旧自行车给我的时候,我的体重是 79 公斤,我觉得自己特别不健康。从 10 岁开始,我就没有再骑车了,但我觉得骑车应该会很有意思。事实证明,确实是这样!不久之后,我便开始骑车 8 英里上下班。这给我带来自信,让我充满力量,并且头脑好像也变得更灵活了。现在,我每周骑行 100 英里(160 千米),并加入了一个自行车俱乐部,甚至还完成了从英国最西角兰兹角(Land's end)到约翰·奥格罗茨(John O'Groats)长达 1000 英里(1600 千米)的骑行。这是过去我最开心的一段经历,使我结识了许多朋友,包括我的男朋友。

苏珊,36 岁,现在 67 公斤,穿衣尺寸:UK14

你的瘦身装备

只要你愿意,就有充裕的瘦身装备供你选择,从健身自行车到举重器械,再到各种昂贵的运动服和运动鞋,应有尽有。但是,如果你预算有限,那么只有以下物件是你真正需要的:

- 宽松、舒适的衣服。短裤、运动裤、运动背心或T恤就足够了。
- 一件好的运动型胸衣。这对女性来说非常重要,尤其是你资金充裕的话。当你运动的时候,一件固定好胸部的运动型胸衣会令你感觉更加舒适。不穿胸衣运动的话,很有可能会造成胸部下垂。
- 一双好的运动鞋。这对运动来说至关重要,尤其是跑步。如果你不穿一双有充分保护作用并具有弹性的运动鞋,那么就会有受伤的危险。
- 一瓶水。当你流汗的时候,保持水分十分重要,所以在运动前、运动中,以及运动之后都要适时地补充水分。

常见的误解

我没钱瘦身。

参加健身俱乐部或运动课程,你需要花费一大笔支出,但也有很多不需要花费这么多,同样能达到瘦身目的的方式。走路、跑步、远足都无需花费丝毫(除了需要买一双高质量的运动鞋之外)。买一盘瘦身碟片,你可以在家反复跟着学习。瓶装水或罐装食物可以很好地代替手部重量。所以,预算紧张完全不能成为无法瘦身的理由。

保持瘦身计划不变

想要坚持一个瘦身计划,并不总是那么容易的。当你需要在工作和家庭之间找到适合实施瘦身计划的空隙时,运动是首先可以做的事。这里为你提供一些小贴士:

将瘦身计划列入你的日程中

把运动当作不能爽约的约定。如果你只是有一个模糊的打算,一周运动 3 次,那么当你忙碌或疲倦的时候就很容易不去运动了,一晃,你便会发现自己有一周都没有出汗运动了。把你的瘦身计划分步骤清晰地记录在日程中,明确告诉大家,你会变得很忙,除非迫不得已,不要取消已经安排好的运动日程。

保持多样性

随着你的身体适应了一种运动强度,你瘦身和减重的步伐就会停滞下来。解决这一问题的关键就是不断挑战运动强度,挑战你的身体。每隔 6 周或其他什么一段时间,尝试一下新的运动,或者在你的常规运动中挑战或者加入一些新的东西——跑得更远一点,或者在做阻力训练时,增加一些重量。任何使运动有意思,并能促进你运动的方式,都值得尝试。

有一个"瘦身战友"(fit-buddy)

研究表明,如果有一个朋友或同伴陪你一起实施瘦身计划的话,你就更能坚持下来。你们可以互相鼓励,共同进步。如果你约了朋友去散步或者跑步,那么就会很不好意爽约了。

给自己设定一个目标

朝着某个方向努力会令你觉得有挑战,同时也能时刻保持动力。目前走3英里?那么试试挑战4英里。骑健身自行车,一小时骑10千米?那么骑个两千米,就调快一下自行车排挡试试。如果你是那种有兴趣进行正规挑战的人,那么签订一份长跑5千米或10千米的赞助协定,这样你就必须接受一定的训练。

常见的误解

私人教练只有富人和名人请得起。

拥有一个私人教练可能会显得有些夸张,但很多人都能通过他们的额外帮助制定瘦身计划,保持减肥的动力。咨询他们可能价格不菲,但即使每隔几个月请教一次私人教练,也会令你更好地贯彻瘦身计划,保持进度。

每天都充满活力

保持健康体型并不仅仅指去健身房锻炼,而是说你要使自己每天的生活更加积极向上,所以寻找各种使身体动起来的方法吧,尤其是当你在一个一直坐着的工作环境中。这里为你提供一些建议:

- 一英里以内坚持步行,不要开车。
- 走楼梯,不要乘电梯。
- 午餐时间,和同事一起走一走。
- 每隔一小时,把目光从电脑屏幕上移开,伸伸腰,在办公室里走一圈。
- 提前一站下公车,步行去目的地。
- 亲自去同事办公室告知消息,而不是发邮件。
- 电视剧放广告的间隙,起来活动一下。
- 尽可能地把车停在停车场离出口最远的地方。

听听人们怎么说……

作为一个单亲妈妈,去健身房并不适合我。取而代之的是,我开始推着婴儿车,步行3英里去买东西,而不是坐公车。每天,我会带女儿去公园逛逛,这使我们俩都能活动活动！另外，我还借了辆健身自行车，当女儿睡着以后，就可以在家骑车锻炼。当我开始瘦身的时候，体重是75公斤，现在，我瘦了，健康了，也变得自信了。女儿上学以后，我还报名参加了每日的有氧健身班。

格明娜，24岁，现在57公斤，穿衣尺寸：UK10

8

更多让你减轻体重的方式

至此,你应该已经明白,在减肥的道路上是没有捷径可走的,减去多余脂肪的关键就在于通过运动燃烧的脂肪必须比因进食而摄入的脂肪多。不过,也有一些健康的习惯可以更有效地促进你身体的机能,避免脂肪的堆积。

永远不要不吃早餐

我们都知道早餐是一天中最重要的一顿饭,但还是会不自觉地认为，如果不吃早餐，就能不摄入卡路里，减去更多的体重。这完全错误！研究表明，相比经常空腹开始一天活动的人来说，每天吃早饭的人很少会超重。

由于你的新陈代谢在夜晚会变慢，所以便可储存能量，并帮你熬过每晚的“禁食”(fast)。你需要打破这一禁食(“break-fast”(打破禁食)，即指早餐“breakfast”)，重新激活你的新陈代谢。此外，如果你不为需要一整天活动的身体充电，那么就会严重缺少能量，到九、十点钟的时候，就会很难去抵抗那些肉类和甜点的诱惑。

常见的误解

谷物是最理想的早餐。

许多谷物——即使是那些贴有健康标签，或声明适合减肥者食用的谷物——都是含糖量很高的。让一天刚开始就血糖波动过大并不是个明智的选择：在九、十点钟的时候，你的血糖会相对下降，你会通过食用甜点另外补充糖分。不添加任何糖分或盐分的全麦谷物是个不错的选择，所以仔细为自己挑选谷物吧。含有坚果或植物籽的谷物更好,它们能提供蛋白质。另一类健康的早餐选择可参见第五章。

每晚睡足 8 小时

并不是充足的睡眠能使你的身体增加分泌胃促生长激素(即饥饿激素,能刺激你的饥饿感),减少瘦素(这种激素使你觉得自己已经吃饱了)的分泌。这两者的结合使你在白天会觉得更饿。缺少睡眠同样会破坏你的胰岛素平衡,使你想要吃甜点和其他能够补充能量的食物。

还有一些证据表明,睡眠不足会使你的身体燃烧肌肉而不是脂肪去释放热量。这不仅意味着你并没有燃烧什么身体的脂肪,反而会因为肌肉的减少,导致新陈代谢的减缓。

哥伦比亚大学肥胖研究中心的研究表明,相比那些每晚睡眠在 7-9 小时的人而言,被剥夺睡眠的人有 73% 都更容易存在超重问题。还有什么是比这更好的早睡理由呢?

饮水充足

水分充足的身体能够更好地运作,更有效地排除身体垃圾,并且更容易使脂肪从身体细胞中释放出来,而如果身体缺水的话(在大部分时候,许多人的身体都处于中等缺水的状态),身体内部的机能运作就会更加迟缓。此外,你还会觉得没什么力气,所以更容易变得没精打采。

规定自己每天喝两升水(大概8杯水),如果有运动,那就要喝更多的水。这听起来似乎要喝很多水,但如果你桌上放一瓶水,工作的时候没事喝两口,很快就可以达到这个饮水量了。饮水还会有利于你保持肌肤湿润,提高你的注意力集中程度。除此之外,我们经常会觉得自己饿了,但其实只是渴了,所以喝水也能使你不那么想去吃点心。纯水是最好的,但低糖的、不浓的果汁、茶、咖啡也都可以算作是你的饮水量。

听听人们怎么说……

当体重达到79公斤大关的时候,我意识到必须采取行动了,所以便开始了健康的节食计划。每当我感到饿的时候,就在觅食前先喝一杯水。我曾经惊讶于自己居然会如此频繁地将饿与渴混淆。通过这种方式,我肯定少摄入了几千卡路里。

黛比,33岁,现在65公斤,穿衣尺寸:UK14

细嚼慢咽

我们总是后悔经常狼吞虎咽,有时,几乎没用时间去好好品尝食物。然而,吃得太快对消化和体重并不是件好事。细嚼慢咽可以使消化酶充分发挥作用,帮助消化,并吸收营养。此外,也可以有时间向脑部传递已经吃饱的信息(这通常需要20分钟左右)。所以,开始学会慢慢吃饭,品尝食物的味道,细嚼慢咽吧。

减少摄入盐分

我们都需要在饮食中摄入少量盐分,但如果盐分摄入过多,就会对健康不利,使血压升高,增加中风和犯心脏病的危险。虽然盐本身并不含任何卡路里,但含盐量高的食物会使你口渴和水肿,因为你的身体在试图维持电解质平衡。成年人每天摄入的盐分不应超过6克(大概一茶匙盐左右),但我们大多数人每日摄入的盐分都远多于此,所以做饭时请注意营养标签,不要在食物中加入过多的盐。试试食用纳还原盐,比如LoSalt,并用香草或香料来调味。

常见的误解

我几乎不吃什么盐!

不幸的是,几乎任何烹饪程序都少不了盐,即使是最基本的制作面包和烘焙豆类。盐分在现成的食物中的含量更是极为不健康。逐渐养成食用各种含盐量低的食物的习惯吧,查看一下食物上的营养标签,发现隐藏的含盐量。

少食多餐

许多减肥的人发现少吃多动对他们而言最有效。这帮助所有重要的新陈代谢缓慢进行。此外,还能帮助你保持血糖稳定,使你不会因为觉得陷入能量低谷而到处去找甜点来振奋精神。所以,相比一天吃三顿大餐来说,三顿饭都少吃点,再吃两到三次健康的点心,两次进食之间的时间间隔不要大于 3 小时,这样会更好。

听听人们怎么说……

当我的体重达到 83 公斤,并仍在增长时,我开始担心了。但是,如果我在两顿饭之间不吃点心的话,就会觉得疲惫不堪,头晕眼花。所以,我不得不停下手头的工作,去吃点巧克力,或者喝点可乐,以振奋精神。我发现,诸如燕麦饼、坚果、植物籽、麦片粥和苹果这样的低含糖量的小食对于维持自身能量、保持身体各项机能平衡可以起到非常巨大的作用。我很快就不再需要甜点了，疲劳也消除了，体重也随之下降。

卡伦，35岁，现在55公斤，穿衣尺寸：UK8

控制压力

在人们感到有压力的时候，身体会产生一种皮质醇，即一种令你想要进食的激素。皮质醇会增加你的胰岛素分泌，你身体的葡萄糖含量也会增加，由此堆积成脂肪。皮质醇过多还更容易使你的腹部堆积脂肪，因为脂肪细胞对这一激素非常敏感。这不仅会导致你一直试图摆脱的秃顶和啤酒肚，而且比起脂肪在臀部和大腿堆积，这还可能会导致更危险的健康问题（比如心脏病、糖尿病）。

该你了！

所有这些小贴士都不仅有利于你减轻体重，同时也能帮你促进身体健康。所以，马上开始在你的瘦身计划中实践它们吧！如果这似乎要一下子做出许多改变，那么只要一次选择一个健康的习惯去养成就好，随着这个习惯成为你日常生活的一部分，再去做出下一个改变。在你减肥的过程中，不时地重读一下本章，以此提醒自己想要养成的那些健康习惯。

减肥有助于你的工作吗？

许多产品都声称能够帮助你减去体重，从草药到各类减肥药，它们会在你的胃里膨胀，使你没有饥饿感。只有非常有限的临床研究能够证明，这些减肥药中的某些可以加速减轻体重，但更多的减肥药没有任何事实依据，而且没有一种瘦身是只靠减肥药就能成功的,你仍然还需要改善饮食结构,增强锻炼以减去体重。

许多减肥药还会存在一些副作用,例如胀气、胃痛、腹泻或者感觉发热、心悸。减肥药中的一些成分(如脂肪粘结剂)会阻碍包括维生素A和维生素E这样的脂溶性营养的吸收。所以,最佳的减肥方式还是坚持健康饮食和运动计划,也许还可以再吃一些维生素含片和补充矿物质的东西,以此保证你的身体不会缺少任何重要的营养元素。

减肥手术

近几年来,诸如吸脂手术和胃束带手术这样的减肥手术被广泛宣传,一些知名度高的社会名流通过胃束带手术所减去的体重令人印象深刻。

确实,一些人进行的减肥手术是有效的。但是,请记住,像所有外科手术一样,减肥手术也存在风险,例如手术感染、意外伤害、血管阻塞、手术后遗症、麻醉并发症，甚至死亡。控制你进食量的胃束手术也同样可能导致营养不良(以及许多健康问题，例如贫血和骨质酥松症)、腹泻、便秘、胃部阻塞、恶心、溃疡，还有结石。

如果你下定决心要手术的话，请医生推荐一位这方面的专家给你。不要被国外的"手术假期"(Surgery Holidays)诱惑了，虽然这可能便宜一些，但其水准还可能不如你在国内接受的手术。如果出现问题的话，你也无法就近接受术后疗养，或是向主管药物治疗的纪律委员会申诉。

9

不要动摇你的减肥信念

现在，你应该知道如何循序渐进、相对无痛地减轻体重了，不过，当然，我们都知道这并不是那么容易的事。当你看到一直想吃的食物，却不能吃，当你非常不喜欢一项运动，却仍然要去做的时候，这无疑是一项艰难的挑战。连续几个月坚持自己的决心绝非易事，尤其是当你的体重下降暂时进入一个停滞期的时候。

那么，现在，是时候告诉你决定减肥成功与否最关键的武器是什么了——那就是你的意志力。有许多方法可以成为促进你减肥的动力。这里提供10种可供你尝试并接受过检验的方法,以帮助你在减肥过程中熬过那段艰难的时刻。

1. 先定一个能达到的小目标

如果你需要减去大量的体重,那么就很容易被这个目标吓到。这个过程会显得特别漫长,以致于你渐渐会失去坚持下去的毅力。所以,把你减重的目标细化成小的、能够实现的那种,比如说,一次3公斤。在你迈向目标的过程中,每实现一步,都庆祝一下。也许甚至还可以每达到一个目标,就给自己一点奖励,例如,一次奢侈的泡泡浴、一张体育比赛的门票、或者一本想读的书。

听听人们怎么说……

当我102公斤的时候,需要减去大量的体重,但这实现起来非常缓慢——每周0.5公斤或1公斤——这使我怀疑自己是否能够实现目标。所以,我开始给自己定一些小的目标,比如,到生日的时候减去3公斤,要去参加聚会前减去1.5公斤。这似乎使目标变得容易达到了。4个月后,我减去了13公斤,人们开始赞美我。14个月以后,我达到了自己的理想体重,这感觉棒极了!

珍妮,25岁,现在67公斤,穿衣尺寸:UK12

2. 记录饮食日志

研究表明,那些记录自己饮食的人更容易坚持节食,而且总的来说,摄入的卡路里也更少些。记录每次吃的正餐、点心和饮料,包括一天里你吃的各种零食。每周拿出来看看你都吃了些什么,你会惊讶地发现,自己吃的比想的要多。此外,记录饮食日志还能帮助你看到自己饮食模式的变化,确定哪种节食方式对你有效,或者提醒自己注意目前摄入的卡路里正在不知不觉中慢慢增多。如果你同时还记录下自己的情绪和感受,这会对受情绪影响而导致的饮食模式变化有所帮助。在本书最后部分你可以找到饮食日志表格的样本。

3. 制作减肥图表

没有什么比看到体重下降更让人有坚持下去的动力了。画一张表格或图表,在上面记录下每周的减肥成果,把它贴在你看得见的地方,比如桌子或冰箱上。当你沮丧或者失去减肥热情的时候,看一眼它,就能知道自己的瘦身已经取得了多大的成就。你或许还可以记录下自己有纪念意义的体重数值,以及它们是如何发生变化的。或者,也可以每减轻 3 公斤就给自己拍张照,看着自己慢慢变瘦的感觉棒极了!

常见的误解

我应该每天测量一下体重。

人的体重在 1 磅到 2 镑之间的自然浮动是由于液体

滞留与荷尔蒙的作用。如果连续几天,体重秤没有显示体重有任何变化——甚至还增加了——那么你会变得意志消沉,并想要放弃。然而,这些日常浮动并不能反映你究竟减去了多少体重。最多一周测量一次体重,获取可靠的减重数值。在一天固定的时间测量体重,最理想的是在早晨,不穿衣服,没吃早餐之前。

4. 为自己找一些动力

某个即将到来的特殊事件可以成为你减肥的动力,比如,一场婚礼,一次特别的聚会,或者一个需要你在沙滩上裸露身体的节日。估算一下这一事件到来之前,你究竟能够减去多少体重,在你的减肥图表中标出这一天,这样你就有了目标和动力。不断提醒自己,你为什么要减肥,以及当你自我感觉良好的时候,会是多么享受这一过程!

5. 身边有人鼓励

身边有人鼓励会使你的减肥过程变得很不一样，所以让你的朋友、家人或者同伴来帮助你吧。他们可以避免让诱惑你的食物出现在你面前，可以在你没心情的时候，鼓励你去运动。更好的是，如果你有一个朋友也想要减肥，那么你们就可以在对方感到消沉的时候，互相激励。

不过，记住：并不是所有人都希望你减肥成功，有些人可能会觉得一个自信的、全新的你会威胁到他们。如果你意识到有人贬低你的努力，或者在你减肥的时候用食物诱惑你，那么当你瘦下来以后，最好少见他们——或者至少不要和他们一起吃饭——并坚持自己的减肥计划。

听听人们怎么说……

我的丈夫泰迪曾经130公斤，而我也有97公斤。我们都知道需要解决自己的体重问题了,并且决定一起减肥。购买食物和对我们都钟爱的甜食说“不”是一项巨大的考验,但是我们下定了决心减肥,而且有了对方的支持,这变得容易了一些。此外,我们还一起徒步和骑单车。这是个团结一心的过程,没有对方的鼓励,我们都不会减去这么多体重。

曼迪,46岁,现在65公斤,穿衣尺寸:UK12

(泰迪也减去了超过32公斤的体重)

6. 往积极的方面去想

与其专注于你现在所承受的痛苦,还不如想想一旦达成了目标,那该是有多棒！这也能帮助你更好地达成目标。所以,不要对自己说:“我不想变胖,这会很惨”(这只能强化你的消极想法),而是要告诉自己:“很快我就能变瘦,变自信,并且快乐起来了”。当这些实现的时候,你就会更受鼓舞。同样的,不要总是看你胖时的照片,以此提醒自己不愿意成为的样子,而是可以选择一张你苗条和健康时候的照片,在自己脑海中加深这一印象。

7. 不要留着你的“大”衣服

随着体型变瘦,你会很快“淹没”在你现在穿的衣服里,但是如果你把它们打包放起来,“以防万一”,那么你就是在潜意识里还认为自己可能会重新变胖。如果你对现在自己的瘦身成果是认真的,那么以实际行动告诉自己,你会保持身材,扔掉那些对你来说过大的衣服。提醒自己,你不会再需要它们。

听听人们怎么说……

在我开始减肥的时候,将近108公斤。随着一周周过去,我的穿衣尺寸迅速缩小。当我的衣服变得太大时,我就会把它们都拿去当地的慈善商店,在那里,我购置了一些小一号的衣服,因为我不想随着体重的减少,花太多费用在重新购买衣服上。15个月以后,我的穿衣尺寸从

UK28 缩小到 UK10,之后,我便可以开始疯狂购买各种漂亮衣服了。

乔安娜,49 岁,现在 54 公斤,穿衣尺寸:UK10

8. 参加一个瘦身俱乐部

如果你是那类需要一个团体来激励自己瘦身的人,那么类似“体重观察员”(Weight Watchers)或“瘦身世界”(Slimming World)这样的俱乐部会对你的减肥过程有非常大的帮助。每周测量体重以及来自你健身教练和队友的鼓励可以给你额外的动力,使你坚持减肥计划。在大多数情况下,你可以在达到减肥目标后,继续免费参加俱乐部,所以减去的体重也不会再反弹,而且还可以用自己的成果和经验来鼓励之后加入俱乐部的瘦身者。

常见的误解

参加瘦身俱乐部令人难以启齿。

不要让喜剧片里塑造的瘦身俱乐部形象给骗到了。

现实中的瘦身俱乐部会帮你仔细称量体重,而且并不会将你的体重公之于众。你不可能是那里体型最庞大的人,还有谁能比那些与你同舟共济的瘦身同伴和你关系更紧密的呢?你将会得到足够的理解和支持。

9. 外形要给人好印象

你可能会想要先达到自己的理想体重,再花力气去打造自己的外形。你或许会想:“胖的时候打扮自己、穿好看的衣服有什么用呢?”但是,要知道,呈现自己最美的样子可以为你树立自信心和自我认同感,而这反过来又能更加坚定你达到目标的决心。不管你现在是什么体型,都开始打扮自己吧。不要再去穿深色的、宽松得像布袋一样的衣服,它们只会令你看起来体型更加庞大。去选择一些适合你的好看的颜色吧!女性的话,可以做个发型,化个妆,买套优质的内衣。男性的话,可以经常去理个发,保持清洁,买好点的须后水。这样,不知不觉中,你就会迈出一大步,而且会更有动力,更容易坚持下去。

10. 设想自己的样子

设想自己减肥成功以后的样子听起来有点阿Q精神,但是许多人发现这对自己的减肥很有帮助。晚上花几分钟躺在床上,设想一下自己想要成为的样子——苗条、健康、自信、有能力、对自己感到满意。尽可能细致地想象这一形象,这会帮助你一直专注于它。肯定自我也能起到同样的作用。像"我是苗条的、快乐的、而且自我节制的"或者"我不胖,我对自己负责"这样的口号,你可能会觉得大声喊出来很傻,但这确实能帮助你在那些不健康的诱惑出现的时候,对它们说"不"。

哎,我已缴械投降

不可避免的是,迟早你会遇到挫折。你可能没有抵挡住诱惑,又吃起了巧克力或薯片。你可能晚上出去玩的时候多喝了几杯,在回家的路上忍不住走进了一家卖炸薯条的店。或者,你是一个完美主义者,即使是一块饼干都能成为你放弃减肥的零界点，你可能会想："算了，反正现在我已经破坏了节食计划，还是把剩下的这袋饼干都吃了吧，还可以外加一个家庭装"。

所以，做好准备，如果你哪天遇到了挫折，上床睡觉时，就把问题抛到脑后，第二天早晨以全新的自己重新开始，也可以第二天增加一些额外的运动，如果这会令你觉得好受的话。记住，一天搞砸了并不意味着你的节食计划就泡汤了，但是如果就此放弃的话，那才是真的结束了。

该你了！

如果你曾经因为遇到挫折又没办法再回归正途而放弃节食的话，那么现在不要再让同样的情况发生。提醒自己，你并不是完美的，你也会犯错，但这并不意味着失败。在你开始新的生活方式之前，现在就找寻动力吧。准备一下你的运动计划和节食日志，请你的家人和朋友支持、鼓励你，并且可以开始想象一下自己减肥成功以后的样子了！

10

永远保持苗条身姿

此时,如果你想要继续保持苗条,那么就不能把节食和运动看作是减去赘肉之后就可以不再进行的暂时项目,而是必须把它们当作一种不变的全新生活方式。如果你回到之前的那种生活方式,体重便会反弹,你就不得不从头至尾重新来过。

不过,一旦你达到了预期的目标,也是完全可以放松一下的。实际上,你也必须放松一下,不然你的体重会持续下降,最后变得骨瘦如柴。现在是时候采取一种维持体重稳定的计划了。

找到适合你的平衡点

寻找自身能量守恒的平衡点,以保持你竭尽全力瘦身之后塑造的体型,是一种尝试的过程。这是在探寻对你个人而言,什么是有效的,但你需要将这一过程放慢。过快地提高卡路里的摄入量,你的身体可能就会储藏起这些突然增加的热量,将其囤积成脂肪。

专家建议,每天可以增加约 200 卡路里热量(通过稍微增加一些每顿的饭量或健康的点心),并且每几周测量一次体重。如果你的体重持续下降的话,再增加 100—200 卡路里,看看会是什么情况。如果你的体重开始回升,那么减去 100 卡路里,继续观察体重秤。最终,你会发现所摄入的卡路里能够使你的体重保持稳定。继续食用各种水果和蔬菜、健康的碳热还原物、低脂肪的蛋白质,这不会错。

坚持锻炼

能爱吃什么就吃什么,又能保持体重不反弹的秘诀之一就是坚持锻炼。通过燃烧脂肪,使你的新陈代谢功能积极运作,锻炼肌肉,渐渐地,你会发现,不管吃什么都不用再担心发胖了。坚持锻炼,你的身体就自然而然地能维持其体重,这也就意味着,你可以尽情享用美食(请自我节制!),也无需付出发胖的代价。

所以,不要一旦达到了你的瘦身目标,就放弃保持成果。你可能会决定每周少做些减肥时做的事,如果这适合你的话。但是,请继续挑战自己的身体,尝试各种不同的活动,以保持瘦身的兴趣。此外,继续锻炼还有助于你的心脏保健,使你保持血压稳定,并减少诸多健康问题的出现。

有一个现成的应对之策

固定一段时间就测量一下体重是个不错的注意,可以是每周或每两周一次。你只是人而已，你的体重或许有一天会重新开始攀升，这可能是因为你没有留意进食量，经常抵挡不住饼干等零食的诱惑，也可能是因为锻炼的时间少了，又或者是因为随着年龄增加，新陈代谢自然变缓慢了。你应该在感到自己的体重稍有增加时就开始采取行动，而不是突然发现自己胖了一大圈之后才这么做，因为那时，你要面临的挑战就更大了。

有一个现成的应对之策，这样，在问题失控之前，你就能将其扼杀在萌芽之中。回忆一下自己的饮食量，或者再次记录几周饮食日志。你是否比自己认为的吃得多呢？想想自己的活动量。你是否已经很久没有运动了？

重新开始记录卡路里摄取量，或者再次采用你曾经尝试并验证过的节食方案一阵子，以重新制定一个健康的饮食计划，并恢复之前的饮食节奏。或者，试试每周额外增加一项运动。这样，你很快就能重新控制好体重——在它控制你之前。

听听人们怎么说……

在曾经两次减去25公斤之后，我发誓绝不再重蹈覆辙。这次，我没有再回到之前的坏习惯，仍然吃得很健康，并不时检查一下自己卡路里的摄入量，每月测量一次体重。另外，我还坚持锻炼，而不是重新窝在沙发上看电视、玩电脑，变成一颗沙发土豆。我每天都带着自己的两只狗狗散步，每周会带孙女去游泳。我感觉充满力量，很轻松地就能爬上三楼的办公室。这次，我已经保持减肥成果有3年了。

桑迪，现在62公斤，穿衣尺寸：UK12

苗条者的七个秘密

现在，你已经变苗条了，但你还需要一段时间来真正感受并习惯这一点，像一个苗条的人一样生活。与此同时，开始模仿那些原来就苗条的人，你便会养成使自己保持良好体型的习惯。

1. 永远不要不吃早餐

正如我们在第八章中所说的那样,研究表明,相比那些每天不吃第一顿饭的人,正常吃早餐的人更容易变得苗条。如果你的早晨总是很匆忙,那么带上一些早餐,到办公室再吃——可以是一些低糖的谷物和酸奶,或者是能用微波炉加热的一碗米粥。

2. 只有在饿的时候才吃东西

在西方,食物充足,我们大多都已经忘了饥饿是一种什么感觉。所以,我们会找东西吃基本都是因为个人喜好、情绪因素、或者只是习惯使然。然而,生来苗条的人往往只有在感到饿的时候才会吃东西。所以,在你吃东西之前,问一下自己:“我的胃是否有空空如也的感觉,告诉我想要食物了?”如果不是这样,那么等一个小时再吃,看看自己会有什么感觉。

3. 感到饱了就不要再吃了

你得开始学会细嚼慢咽地吃东西,享受、回味每一口食物,让你的胃有时间接收到大脑传达的已吃饱的信息。不要在吃饱了以后还继续吃,或者像你小时候受到的教育那样,一定要吃光碗里的东西,可以不时地在吃的时候停下来问问自己:"我吃饱了吗?"如果你已经吃饱了,那就放下碗筷,不要再吃了。

4. 经常活动活动

保持身材并不只是在于运动,生来苗条的人通常更加精力充沛,所以选择让自己能够动起来的方式吧。爬楼梯,而不是坐电梯。走路,而不是开车。周六下午带孩子们去公园,而不是坐在电视机前。这些都能帮助你保持新陈代谢缓缓进行。

5. 将食物看作燃料

如果在你难过、孤独或者无聊的时候想要吃东西,那么去找另一种方式来填补。生来苗条的人不会在食物与情绪之间建立很强的联系。他们把食物看作愉快的事和燃料,而不是奖励、惩罚、或者安慰。找其他方式来调节你的情绪吧。

6. 坐在饭桌旁吃饭

改掉边看电视边吃饭、边走边吃、或者边学习边吃东西的习惯,坐到饭桌旁,关掉电视和电脑,好好吃饭,细细品味,更好地享受自己的食物,也就会消化得更好,这样,你反而可能吃得更少些。

7. 首先吃你必须吃的东西，其次才是你想吃的东西

先吃那些能补充你身体营养的东西，然后，如果觉得有需要的话，再去吃你想吃的东西。相反，如果你先吃了你喜欢的甜食，那么就不会再有胃口去吃那些你身体需要的营养食物了。

听听人们怎么说……

在我体重达到98公斤的时候，我的身边都是食物，而且我总是在寻找下一顿餐食或点心。如果我感到情绪低落，就会吃一包薯片或一块蛋糕来振奋精神。现在，我只是饿了才吃东西，而不是总想着要吃东西。生活是计划着每天可以做些什么，而不是要吃些什么。我依然会定期去健身房，锻炼身体。我喜欢穿鲜艳、漂亮的衣服，变得活泼、快乐，我的丈夫喜欢现在的我——我绝不会再

回到老样子！

吉妮，29岁，现在67公斤，穿衣尺寸：UK12

该你了！

恭喜！你已经达到了自己的减肥目标，并拥有了自己最理想的健康体重。坚持健康、有活力的生活，你就能永远苗条下去。如果体重再次反弹，一定要事先准备好应对方法，千万不要让你的体重发展到肥胖的情况，肥胖已经成为你正常生活的绊脚石这么长时间了，不要再重蹈覆辙。现在，你看上去很完美，也对自己感到满意，那么就享受这种拥有好身材又有活力的生活吧，要知道，你给了自己的身体保持健康的最佳机会。是时候享受做自己了！

写给家人的话

减肥对每个人来说都是一项巨大的挑战,需要很大程度上改变烹饪和饮食习惯,这也可能会影响到家庭中的其他成员,意味着要花时间去调和日常生活中出现的新情况。你的家人需要决定即将到来的减肥生活大概持续多长时间,而这必然又会对家庭其他成员造成一定影响。

你或许非常熟悉超重会带来怎样的消极作用,它可以影响你爱的人好几年,甚至几十年。他的健康或许也会逐渐变差。他可能会纠结于日常的活动,诸如,走一段不远不近的路程,或是与孩子们逗乐追逐。他或许会因为自己的外表而感到害羞和痛苦,并且缺乏自信。如果他是你的伴侣,那么这很可能会影响到你们的关系。所以,无疑,你需要热情地鼓励自己的爱人通过减肥,变得更健康,享受更高品质的生活,而你也会收获由此带来的好处。

另一方面,你曾看到自己的家人过去想要瘦身。你可能会讽刺或者怀疑他们这次的行动是否就能比先前的更加成功。而且,确实,他们有时可能还是会在减肥的过程中陷入困境,停滞不前。但是,如果你希望他们这次能够成功,以下是你可以帮到的地方。

愿意调整你的饮食习惯

如果你是和爱人或者家人一起吃饭,那么调整一些自己的饮食习惯,这将对你爱的人坚持健康饮食起到巨大作用。这并不意味着你必须一直吃蔬菜,或是放弃自己喜爱的食物,但如果他们想要你改进原先的食谱,新增一些低脂肪菜式,或者尝试新的、健康的烹饪方法,那么要是其他家庭成员能接受这种改变,这对他们来说将帮助巨大。如果要与家庭其他成员吃得不一样,需另外做的话,这会使减肥的人觉得更加困难。如果你是家里主要负责做饭的人,那么努力尝试一下健康的新食谱是向你的家人表明你爱他们和支持他们的一个很好的方式。或许你甚至也能自己减去一些体重。

如果食物柜一直装满薯片、饼干、和巧克力,这对你爱的人来说会更难避免抵御诱惑。如果你能想办法让家里少出现些这类食物,或者把它们放在比较难拿到的地方,让它们少出现在你的家人面前,那么就可以使他们更容易坚持自己的节食计划。

随时准备好和你的家人一起运动

运动锻炼也是一样,你爱的人可能会希望在他们的日常生活中能多活动一下。这可能包括走路或骑车(而不是坐在电视机前)、开始培养一个新的兴趣爱好(比如打网球)、或者周末带孩子去游泳。愿意将你的空闲时间用来做更多的运动——或者也可以是承担起照顾孩子的任务,让你的家人有时间出去运动——这会帮助你的家人达到进一步的减肥效果。此外,多运动一下也会对你自己有利,使你更健康,所以这无疑是双赢的。

给你的家人额外的时间

如果一个人总是很忙、压力很大,那么就会很难专注于自己需要的东西。所以,如果能让你的家人少一些后顾之忧,有更多的空闲时间,这也会对他们有很大帮助。那么,你是否能承担额外的那部分家庭责任,给你的家人放松的时间,让他们去减肥瘦身呢?你是否能每周都有几夜去照顾孩子们,而让你的爱人去健身房或者出去跑个步呢?你是否愿意调整你的日常作息,以便让他们每周有几晚都可以早睡呢?任何能够让他们放松并给他们“个人时间”的事情都会使其更有可能达成减肥目标。

不断鼓励你的家人

减肥的时间久了，你的家人还可能会失去坚持节食和运动的动力，尤其是在体重下降越来越慢的情况下。你的支持和鼓励将使这一切变得完全不同。如果他们对于健康饮食的热情有所降低，那么你得提醒他们想想为什么当初会想要减肥。如果他们没心情去参加运动课程，你也可以提醒他们，之前在课程结束后，他们是感到多么的痛快。你还可以通过告诉他们，他们在减肥的道路上已经坚持走了多远，以此鼓励他们继续减肥；通过赞美他们在外形上的改变来帮助他们树立自信心，或许甚至还可以帮他们买一件新衣服，来炫耀一下他们的身材。如果他们想要卸甲投降了，那么说服他们不要完全放弃，并立即回到减肥的道路上去。有你作为他们的拉拉队长，他们将更有可能减肥成功。

日常饮食表

	早餐	午餐	晚餐	点心	热量	运动
周一						
周二						
周三						
周四						
周五						
周六						
周日						

图书在版编目(CIP)数据

如何迈出减肥第一步/(英)凯瑟琳·弗朗西斯 著;徐海晴 译. --上海:华东师范大学出版社,2017.2

(速成手册系列)

ISBN 978-7-5675-5719-2

Ⅰ.①如… Ⅱ.①凯… ②徐… Ⅲ.①减肥-手册 Ⅳ.①TS974.14-62

中国版本图书馆 CIP 数据核字(2016)第 230552 号

如何迈出减肥第一步

著　　者　(英)凯瑟琳·弗朗西斯
译　　者　徐海晴
责任编辑　倪为国
封面设计　吴元瑛

出版发行　华东师范大学出版社
社　　址　上海市中山北路 3663 号　　邮编　200062
网　　址　www.ecnupress.com.cn
电　　话　021-60821666　　行政传真　021-62572105
客服电话　021-62865537
门市(邮购)电话　021-62869887
地　　址　上海市中山北路 3663 号华东师范大学校内先锋路口
网　　店　http://hdsdcbs.tmall.com/

印 刷 者　上海盛隆印务有限公司
开　　本　787×1092　1/32
印　　张　4.375
字　　数　45 千字
版　　次　2017 年 2 月第 1 版
印　　次　2017 年 2 月第 1 次
书　　号　ISBN 978-7-5675-5719-2/G.9841
定　　价　18.00 元

出 版 人　王　焰

First Steps out of Weight Problems
by Catherine Francis
Text by Catherine Francis. Original edition published in English under the title **First Steps out of Weight Problems** by Lion Hudson plc, Oxford, England

Published by arrangement with Lion Hudson plc, Oxford, England

上海市版权局著作权合同登记　图字:09-2014-918 号